“十二五”国家重点图书出版规划项目

材料科学研究与工程技术/预拌混凝土系列

《预拌混凝土系列》总主编 张巨松

CONCRETE MIXTURE

佟 钰 张巨松 主编

哈爾濱工業大學出版社
HARBIN INSTITUTE OF TECHNOLOGY PRESS

内 容 提 要

作为《预拌混凝土系列》丛书的重要组成部分，本书在简要介绍混合料组成与结构的基础上，重点讨论混合料的性能、评价方法与主要影响因素，分析探讨混合料坍落度损失的机理、影响因素及其控制措施，收集整理了混合料相关的常见工程问题与案例。书中内容紧密结合混凝土材料生产实践，内容丰富，实用性强，适当兼顾基本理论。

本书适合作为混凝土从业者的入门指导，也可用作无机非金属材料专业本专科学生的教学参考书。

图书在版编目(CIP)数据

混凝土混合料/佟钰，张巨松主编. —哈尔滨：哈尔滨工业大学出版社，2016.1

ISBN 978-7-5603-5673-0

Ⅰ.①混… Ⅱ.①佟…②张… Ⅲ.①混凝土-混合料 Ⅳ.①TU528.041

中国版本图书馆 CIP 数据核字(2015)第 261992 号

材料科学与工程
图书工作室

责任编辑 张 瑞
封面设计 卞秉利
出版发行 哈尔滨工业大学出版社
社 址 哈尔滨市南岗区复华四道街 10 号 邮编 150006
传 真 0451-86414749
网 址 http://hitpress.hit.edu.cn
印 刷 哈尔滨市石桥印务有限公司
开 本 660mm×980mm 1/16 印张 8.25 字数 126 千字
版 次 2016 年 1 月第 1 版 2016 年 1 月第 1 次印刷
书 号 ISBN 978-7-5603-5673-0
定 价 38.00 元

丛书序

混凝土从近代水泥的第一个专利(1824)算起，发展到今天近两个世纪了，关于混凝土的历史发展大师们有着相近的看法，吴中伟院士在其所著的《膨胀混凝土》一书中总结到，水泥混凝土科学历史上曾有过3次大突破：

(1)19世纪中叶至20世纪初，钢筋和预应力钢筋混凝土的诞生；

(2)膨胀和自应力水泥混凝土的诞生；

(3)外加剂的广泛应用。

黄大能教授在其著作中提出，水泥混凝土科学历史上曾有过3次大突破：

(1)19世纪中叶法国首先出现的钢筋混凝土；

(2)1928年法国E. Freyssinet提出了混凝土收缩徐变理论，采用了高强钢丝，发明了预应力锚具，成为预应力混凝土的鼻祖、奠基人；

(3)20世纪60年代以来层出不穷的外加剂新技术。

材料科学在水泥混凝土科学的表现可以理解为：

①金属、无机非金属、高分子材料的分别出现；

②19世纪中叶至20世纪初无机非金属和金属的复合；

③20世纪中叶金属、无机非金属、高分子的复合。

可见人造三大材料金属、无机非金属和高分子材料在水泥基材料在20世纪60年代完美复合。

1907年德国人最先取得混凝土输送泵的专利权；1927年德国的Fritz Hell设计制造了第一台得到成功应用的混凝土输送泵；荷兰人J. C. Kooyman在前人的基础上进行改进，1932年成功地设计并制造出采用卧式缸的Kooyman混凝土输送泵，到20世纪50年代中叶，德国的Torkret公司首先设计出用水作为工作介质的混凝土输送泵，标志着混凝土输送泵的发展进入了一个新的阶段；1959年德国的Schwing公司生产出第一台全液压的混凝土输送泵，混凝土泵的不断发展，也促进泵送混凝土的快速发展。

1935年美国的E. W. Scripture首先研制成功了木质素磺酸盐为主要成分的减水剂(商品名Pozzolith)，1937年获得专利，标志着普通减水剂的诞生；1954年制定了第一批混凝土外加剂检验标准。1962年日本花王石碱公司服部健一等人研制成功β-萘磺酸甲醛缩合物钠盐(商品名"麦蒂"),即萘系高效减水剂,1964年西德的Aignesberger等人研制成功三聚氰胺减水剂(商品名"Melment"),即树脂系高效减水剂,标志着高效减水剂的诞生。

20世纪60年代,混凝土外加剂技术和混凝土泵技术结合诞生了混凝土的新时代——预拌混凝土。经过半个世纪的发展,预拌混凝土已基本成熟,为此组织编写了《预拌混凝土系列丛书》,希望系统总结预拌混凝土的发展成果,为行业的后来者迅速成长铺路搭桥。

本系列丛书内容宽泛,加之作者水平有限,不当之处敬请读者指正!

张巨松

2015年3月

前　言

作为混凝土极为重要的一种中间形态，混合料在施工过程中所表现出的不仅仅是显著的塑性变形能力，而且在此变形过程中始终保持有较好的连续性和均匀性，从而满足了运输、泵送、浇注、密实等施工操作的需要，也因此成为保证最终硬化混凝土具有需要的力学强度和耐久性的技术关键。但在另一方面，为控制材料成本，混凝土生产经常采用一些地域资源特别是工业灰渣，其来源广泛、质量波动大、更换频率高，对混凝土质量的影响首先就会体现在混合料的性能上。这种情况下，混凝土混合料成为混凝土生产、施工相关技术人员必须面对也是处理最多的技术环节，具有丰富现场经验的从业者可以通过简便可行的检测手段，结合实践经验判定混凝土的质量，给出有效的解决措施，但对于行业初入者以及刚刚走出校门的本专科学生来说，这些经验只能通过 1 ~ 3 年的适应过程来获得，而这一过程无疑是曲折而痛苦的。

本书编写组成员均为多年从事混凝土教学、科研或生产工作的业内专家，深知这一领域对知识和人才的需求状况和关键所在。本书编写的目的主要是为了满足混凝土生产从业者入门培训的需要，也希望能有助于缩短相关专业毕业生就职的适应期，更好地促进混凝土行业的健康发展。为此，本书着重加强了以下两个环节：

(1) 突出内容的实用性。除非无法回避的部分，书中尽量减少了理论知识的内容，取而代之的是混凝土混合料生产和施工中最为常见、最普遍的工程技术问题及其解决思路和方案，更适合工程需要。

(2) 更注重内容的时效性。文中所引用标准、规范等均遵照最新的国家、行业或地方标准，同时关注混凝土行业的重点发展方向，如高性能混凝土、泵送施工、装配式建筑等。

本书的具体编写分工如下：绪论、第 1 章由张巨松、佟钰编写；第 2、3、4 章由佟钰编写；第 5、6 章由佟钰、张巨松编写。全书由张巨松对内容进行了统稿、编排和整理。

由于笔者水平有限，加之混凝土行业的普及性和复杂性，书中内容难免有不足或疏漏之处，敬请专家、读者多多指教！

编　者

2015 年 7 月

目　　录

绪　　论

混凝土是各组成材料（包括水泥、粗细集料、矿物掺合材、外加剂、水等）按一定比例组成的混合物，在搅拌均匀后、凝结硬化之前，称为混凝土混合料，也称混凝土拌合物或新拌混凝土。

从技术层面上，混凝土混合料必需满足最基本的技术要求，也就是在搅拌、运输、浇注、振捣和养护过程等施工操作过程中，始终保持连续、均质、便于施工操作并可有效填充模板空间，最终形成牢固、耐久的硬化混凝土结构。这就要求混凝土混合料必须具有合适的、与具体施工方式相适应的性能，包括一定的塑性变形性能以及在变形过程中保持组分不分离的能力。需要注意的是，由于混凝土原料品种繁多、质量复杂，而且对于混合料的性能要求又会随施工方法和环境状态等因素而进行调整，结果导致对于混合料性能进行测量和控制的最可靠方法反而是那些现场工作人员的主观判断。但是，这种做法无疑会带来很大的人为误差，也对混凝土施工质量管理带来了很大困难。

作为最早出现的不靠主观判断来定量测试混合料流动性的方法，美国埃博拉姆斯（Duff Abrams）于1913年发明的坍落度筒测量法尽管存在各种不足，但该方法测试简便、适用范围广，因此至今仍作为实验室和施工现场广泛使用的流动性表征方法。坍落度法的测量结果容易受技术人员操作手法的影响，且对于低流动性混合料的敏感性偏低，为此一些研究者陆续提出了测试混合料施工性能的方法与装置，其中应用比较普遍的例如格兰维尔等提出的捣实因数测试方法与装置，其原理是考察在一定标准功作用下混合料获得密实结构的程度，以此分析混凝土在浇注、密实过程中克服本身内摩擦力所做的有用功，后面将在3.2.5节中进一步详细讨论；此外，还有巴纳尔于1940年首先提出的维勃稠度测试方法与装置，根据标准形状的混合料试锥在机械振动条件下发生一定变形所需的时间长短判断混合料的变形能力（稠度），适合于干硬性混凝土混合料。其他类似的经验试验法还包括贯入度法、流动试验法、重塑试验法、捣实试验法、变形试验法、落锤试验法等。这些经验评定方法尽管所采用的装置和测试步骤有所不同,但其实质都是检测混合料在自身重力或一定外力作用下,在模具、模板内发生流动变形,获得最小体积并保持良好工作状态的能力,因此都可以从某种程度上对混凝土的工作性进行定量表征。

上述测试方法及其结果的实质是混凝土混合料施工性能的外在表现,为进一步明确混合料工作性的本质、定义、含义及相应的定量评价指标,从20世纪早期开始,国内外学者就开始在相关研究中对其进行细致探讨。

T. C. Powers 对工作性的提法是:塑性混凝土拌合料决定其浇灌难易与对离析抵抗程度的性质,包括流动性与黏聚性两者的效应(1932年)。

1942年,P. S. Roller 提出砂浆的工作性可分解为四个部分,包括:①可塑性,是指砂浆摊铺到指定厚度所需的压力或功;②变形连续性,指砂浆变形流动后仍能保持连续、不断裂的性质;③塑性流动停止的趋势,指砂浆中颗粒体密集排列,可抵抗外力作用、塑性变形不再发生的现象;④保水性,是指砂浆在吸水底面的作用下保持拌合水的能力。

1947年,英国学者 Glanville, Collins, Matthews 等提出:"工作性是决定产生完全密实所需'有用内在功'数量的混凝土性质",明确了"有用内在功"作为对浇注成型难易程度的定量测度,意为克服混合料内摩擦所需要做的功。

1955年,P. Hallstrom 提出,工作性应包含稳定性、凝聚性、液性和流动性等几方面含义。

1960年,K. Newman 则认为,工作性=易密性+流动性+稳定性+终饰性。

1970年,O. J. Uzomaka 指出,工作性=易密性+摊铺性+稳定性。

1975年,日本川崎训明将工作性、可塑性和终饰性并列用于表示未固结混凝土的性质,其中工作性表示由稠度所决定的浇注难易及抵抗材料分离程度的性质;可塑性表示容易填充模型,拆模后缓慢变形坍落、不分离的性质;终饰性是指容易终饰、抹面的性能。

1981年,我国学者黄大能提出:

工作性=流动性+可塑性+稳定性+密实性

具体含义可叙述为:①流动性:固、液体混合物,即分散系统中克服内阻力而产生变形的性能;②可塑性:产生塑流的性能,即克服分散系统中的屈服应力后所产生的非可逆变形的性能;③稳定性:分散系统中固体重力所产生的剪切应力能否超过屈服应力的性能,即固、液体混合物在塑性变形时颗粒的位移程度,也就是混凝土在外力作用下集料保持均匀分布的能力;④密实性:固、液体混合物在进行捣实时克服内在和表面的抵抗力以达到混合物完全致密的能力。这一论述经30余年的发展,目前在混凝土领域中重新进行了阐释,将混凝土混合料的工作性定义为流动性、黏聚性与保水性的矛盾统一。

工作性是评价混凝土混合料在施工过程包括搅拌、运输、浇注、捣实等工序中获得稳定密实结构所需内在功及其抵抗离析能力的综合评价指标。或者可以说成,混凝土混合料在消耗最少能量的情况下,通过一定施工操作过程达到稳定和密实的程度。由于混凝土混合料成分和性能的复杂性,以及施工工艺、设备、参数的多样性,导致难以采用单一试验测试或性能指标即可全面反映混合料的工作性。

随着现代建筑施工技术的发展,混凝土已改变了原本现场搅拌浇注的施工模式,以电子计量、集中搅拌、长距离运输、泵送施工为特征的商品混凝土生产及施工技术成了当今主流,相应混凝土混合料的配合比设计与施工性能也随之进行了调整。此外,高性能混凝土、绿色混凝土等概念的兴起也对混凝土混合料的结构与性能提出了不小的挑战。

混凝土混合料不仅必须具有符合要求的工作性,而且工作性的测量方法也应有助于实现混凝土配合比特别是用水量的快速调整。本书从组成、结构、性能、测试方法、主要影响因素等多个层次对混凝土混合料特别是商品混凝土进行阐析,作为一本入门读物,可以促进商品混凝土从业者特别是材料专业毕业生能够尽早进入角色,能够在商品混凝土的生产过程中有助于提高效率、减少工程失误、合理地使用原材料,最终起到降低混凝土生产成本、保证混凝土质量的作用。

第1章　混合料的组成与结构

对于任何天然或人造材料来说，其组成与结构都是决定其性能与应用的根本因素。作为最大宗的人造材料，混凝土各组成材料的性质与配比以及结构的致密性、均匀性，都是实现混凝土混合料性能优化的最基本技术手段，进而也影响了硬化混凝土的力学性能和耐久性。本章将主要从施工性能和使用性能的角度，对混凝土混合料的组成与结构进行说明讨论。

1.1　混合料的组成

混凝土组成材料是实现混凝土性能的基础，只有控制好原材料，合理利用原材料，才可能获得性能优良、施工方便、成本低廉的混凝土。但在混凝土的生产实践中，往往原材料的可选择余地很小，原因主要在于原料供应渠道和成本方面的限制，同时混凝土生产厂家也不可能存放过多品种、太多数量的原材料，其结果是实际生产中不得不降低对原料品质的要求。充分利用原有材料或地方区域性材料，只是在必要时引入适当的补救措施，保证混凝土混合料以及硬化后混凝土满足所需使用性能要求。下面将主要从混凝土混合料的角度对主要原材料的性能及其选择原则进行讨论。

1.1.1　水泥

作为混凝土最重要的组成材料，水泥是决定混凝土性能的最基本要素。对于混凝土混合料而言，质量分数最高、体积分数也最大的砂石集料自身没有产生塑性变形的能力，只有依靠足够数量水泥浆体的存在，才能完全包裹砂石集料的表面并全部或部分地充填集料间的空隙，起到减少滑移摩擦、促进混合料变形的能力，同时在运动过程中保证混合料始终维持为一体、不离析。

高质量水泥浆体的存在对于混凝土混合料乃至硬化混凝土来说不可或缺，为此，必须选用质量优良的水泥，其典型特征应包括：需水量低、流动性大、与外加剂的相容性好;具有较高的胶砂强度;颗粒分布合理,具有良好的工作性和耐久性;严格控制碱、氯离子等有害组分的含量等。在此基础上,应根据实际工程特点,对水泥品种和用量等进行合理选择。

1. 品种

对于常规的混凝土工程来说,所采用的水泥品种以通用水泥,即硅酸盐水泥、普通硅酸盐水泥、矿渣硅酸盐水泥、火山灰质硅酸盐水泥和粉煤灰硅酸盐水泥这 5 种硅酸盐系水泥最为普遍,除了 P. I 型硅酸盐水泥之外,P. II 型硅酸盐水泥和其他 4 种通用水泥中均掺入了不同数量的活性混合材,如磨细矿渣、火山灰质材料、粉煤灰等,或者少量的非活性混合材,如石灰石粉、窑灰等。混合材的掺用原则是:混合材的水化活性越高,可掺用的比例也越大。例如,磨细矿渣中 CaO 质量分数达 40% 左右,接近水泥熟料中 CaO 的质量分数,因此在矿渣水泥中的最高掺入量可达水泥质量的 70%,而且可以采用部分非活性混合材料来替代磨细矿渣;比较而言,火山灰质材料和粉煤灰的水化活性相对较低,因此掺入量在火山灰质水泥和粉煤灰水泥中质量分数为 20% ~40%。

除了通用水泥之外,水泥生产厂家还可以通过调整水泥熟料矿物成分、粉磨细度、矿物混合材品种和掺量等,得到具有特定水化硬化性质的硅酸盐系水泥(称为特性水泥),如中热低热硅酸盐水泥、耐硫酸盐水泥、自应力/膨胀水泥、快硬高强水泥、白色/彩色水泥等,或者满足特定用途要求的专用水泥,如道路水泥、油井水泥、砌筑水泥等。

根据我国多年生产经验,只要水泥质量符合国家标准《通用硅酸盐水泥》(GB 175)及相关国家标准、行业标准的规定,均可用于调配混凝土,但不同水泥品种之间存在较大性能差异,即使相同的水泥品种也可能因强度等级不同而导致在凝结硬化过程和强度发展等方面表现出一定的差异。科学研究和实际生产中,应根据混凝土的设计强度、耐久性要求、使用环境、服役寿命等多方面因素,合理选择水泥品种。例如,海港工程应采用抗硫酸盐水泥,大体积混凝土应采用中热、低热水泥,等等。在购买水泥时,应要求供货方提供水泥中混合材成分、含量、凝结硬化性能、早中期强度等数据,作为水泥选择和使用的重要依据。

与硅酸盐水泥和普通硅酸盐水泥相比,使用混合材料的水泥所具有的共性可简单归纳如下:

(1)凝结硬化缓慢,早期强度低,但后期强度持续发展,可赶上甚至超过同强度等级的硅酸盐水泥。因此,掺混合材的硅酸盐水泥不宜用于早期强度要求高的工程,如冬季施工、抢险加固等。

(2)环境温度敏感度高,适合于蒸气养护或蒸压养护,因为反应温度的提高有利于激发混合材的水化活性,可加速水化反应和强度发展的历程。

(3)耐腐蚀性好。混合材的水化反应可持续消耗熟料水化所产生的 $Ca(OH)_2$,同时水泥中熟料的减少也有利于降低 $Ca(OH)_2$ 和单硫型水化硫铝酸钙(AFm)的相对含量,再加上混合材二次水化可改善混凝土的密实度,因此水泥石和混凝土抵抗软水及硫酸盐侵蚀的能力均有所提高。

(4)水化热低,放热速度慢,可用于大体积混凝土工程。

(5)抗冻性、耐酸性、抗碳化性等能力偏低。

如上所述,掺混合材硅酸盐水泥的性能随混合材种类不同而各有特点,其应用范围也因此有所差异,其中矿渣硅酸盐水泥的抗渗性差,但耐热性良好,可用于使用温度不高于 200 ℃的混凝土工程;火山灰质硅酸盐水泥的抗渗性好,但干缩大,不宜用于干燥环境中的永久性工程;粉煤灰水泥的需水量低、流动性好、干缩小、抗裂性好,应用则较为广泛。

除了硅酸盐系列水泥之外,一些不同体系的胶凝材料也已实现了工程应用,比如硫铝酸盐水泥应用于抢修、堵漏、涵洞等工程,氯氧镁水泥用于加工建材制品等。此外,一些新的胶凝体系如磷酸盐水泥、地聚物水泥等的研发也取得了很大进展。

2. 用量

水泥浆体为混凝土混合料提供了重要的内聚性和变形能力。水泥用量偏少,则混凝土混合料的流动变形能力差,对集料和钢筋的包裹能力低,混凝土结构体中可能出现宏观裂缝、孔洞、露筋等严重缺陷,大幅降低混凝土的强度和密实度;反之,水泥用量过大,则不仅增大了生产成本,影响混凝土的经济性,同时由于水泥石干缩及结构体内外温差等原因容易导致混凝土出现收缩裂纹或温度裂缝。因此,根据混凝土设计强度合理选择水泥强度等级是十分必要的,水泥强度等级高则计算水灰比也高、水泥用量少;水泥强度等级过低则水泥用量偏大,影响经济性和尺寸稳定性,混合料的黏稠度也偏高,不利于泵送、振捣等施工操作。

根据我国建工行业标准《普通混凝土配合比设计规范》(JGJ 55)规定,水泥用量由计算得到的水胶比、矿物掺合材取代率以及选用的单位用水量三者推算得出,但水泥用量必须大于或等于一定的最小水泥用量,以满足不同地区、不同使用部位的耐久性要求。如混凝土生产厂家只能使用高强度等级水泥,则可采用矿渣、粉煤灰等矿物掺合材取代部分水泥,增大混凝土混合料中胶凝材料的总量,改善混合料的施工性能。原则上,能保证混凝土设计强度要求,并使混凝土混合料具有良好的工作性的最小的水泥用量,可作为混凝土的最佳水泥用量。

1.1.2 集料

集料或称骨料,包括粗集料(石子)和细集料(砂),总体积约占混凝土总体积的3/4,是混凝土的主要组成材料之一。国家标准《建筑用卵石、碎石》(GB/T 14685)、《建筑用砂》(GB/T 14684)对混凝土用粗细集料的质量做出了明确规定。总体而言,高质量集料的特征包括:坚固耐久、均匀洁净、级配优良、针片状颗粒含量低;颗粒表面稍为粗糙,不包含可能干扰水泥水化或与水泥水化产物反应生成膨胀性物质的有害组分。特定情况下还应满足比热容、体积质量等特殊要求。

需要注意的是,集料是大宗的地方性材料,多是利用当地资源以提高混凝土的经济性,但必须同时考虑货源、生产方法、运输方式以及堆放条件等因素对集料质量和均质性的影响;必要情况下,可以考虑使用外地供应的高品质集料或用其部分取代地产集料。

1. 粗集料的选择

(1)最大粒径。

粗集料最大粒径首先取决于混凝土构筑物的最小截面尺寸以及钢筋密度。级配合理情况下,选择最大粒径更大的粗集料有利于降低集料的空隙率和总表面积,从而起到减少混凝土单位用水量和水泥用量的作用,因此,在模板空间及钢筋间距允许的条件下,应尽量选用粒径较大的粗集料,特别是对一般强度等级的混凝土。反之,对于大体积混凝土而言,所使用的粗集料最大粒径不宜小于31.5 mm,但应注意,当粗集料粒径过大时(> 40 mm),粗集料在堆放过程中容易发生离析或在混凝土混合料中出现重力沉降,因此必须采用适当的工艺措施加以避免;此外,由于集料比表面积的减小和混凝土不均匀性的增大,混凝土随集料粒径增大而呈现强度降低的趋势。因此,对于C60~C80或更高强度等级的混凝土,粗集料最大粒径一般控制不大于25 mm。

(2)级配。

粗集料的颗粒级配按工艺情况分为连续级配和单粒级两种。连续级配是按颗粒尺寸由小到大连续分级,每级集料都占有一定比例。《混凝土质量控制标准》(GB 50164)中推荐混凝土生产宜采用连续级配,可保证配制出的混凝土混合料流动性良好,不易离析,而且也有利于提高混凝土的强度和耐久性,并降低水泥用量。

对于大部分颗粒粒径集中在某一种或两种粒径上的颗粒称为单粒级。单粒级集料便于分级储运,可减少运输过程中的颗粒离析现象。使用时应将不同大小的单粒级集料通过适当组合,实际配制混凝土并综合测评混合料的工作性,符合要求的才能作为实际生产用的集料级配;一般情况下,单粒级粗集料不宜单独用于配制混凝土。行业标准JGJ 52中对单粒级或不满足级配范围的石子虽然未定义为禁止使用的不合格品,但强调必须配合连续级配或经试配验证后才能使用。

(3)颗粒形状与表面状况。

卵石形状浑圆、表面光滑,有利于混凝土混合料的流动变形,因此在流动度相同的情况下,可同时减小单位用水量和水泥用量,但卵石与水泥砂浆的黏结能力差,通常不能用于配制高强混凝土。对比而言,碎石的棱角分明、表面粗糙,尽管颗粒间摩擦力较大,导致所拌制的混凝土工作性低于卵石混凝土,但却保证了集料与砂浆间的牢固结合,因此广泛用于混凝土特别是高强混凝土的生产。

(4)其他性能。

集料的力学性质一般均可满足混凝土强度等级要求,但对中高强度等级的混凝土来说,一些试验资料也表明,如使用质地软弱、强度偏低的岩石作为集料,会导致混凝土强度达不到预期水平,特别是在低水灰比的情况下,即集料强度可能成为决定高强混凝土强度增长的关键因素之一。集料的力学性能可以通过原生岩石钻芯取样得到的立方体试样,直接测试轴心抗压强度的方法,一般来说,集料轴心抗压强度应不低于普通混凝土强度的1.5倍,而高强混凝土所用粗集料的抗压强度应比混凝土设计强度高30%以上；也可以根据《普通混凝土用砂、石质量及检验方法标准》(JGJ 52)的规定，采用标准方法得到的压碎指标或筒压强度作为集料力学性能的评价指标。

针片状颗粒的空隙率高、比表面积大，因此在集料中的含量不宜过高，否则包裹颗粒表面及填充空隙所需的砂浆量随之增大，对混凝土混合料的工作性不利；针片状颗粒在运动过程中倾向于沿容器内壁取向排列，不利于混凝土性能的各向均质性；此外，针片状颗粒在外力作用下，易于发生弯折断裂，导致混凝土的力学强度相应降低。

含泥量和泥块含量的存在会加大混凝土的用水量，影响外加剂的使用效果，削弱粗集料与砂浆之间的黏结，影响硬化混凝土的抗冻性、抗渗性和体积稳定性等，对于高强混凝土的影响尤其明显。对于有抗渗、抗冻、抗腐蚀、耐磨或其他特殊要求的混凝土，粗集料中泥的质量分数和泥块的质量分数分别应不大于1.0%和0.5%。

2. 细集料的选择

混凝土混合料中可采用的细集料包括天然砂和人工砂。传统混凝土工业主要采用天然砂，特别是河砂，其表面圆滑、质地坚硬洁净，有利于混凝土混合料的工作性能。近年来，随着建筑行业的蓬勃发展，河砂资源愈见匮乏，很多地区缺乏天然砂源，也开始使用人工砂。人工砂是机制砂和混合砂的统称，所谓机制砂是由机械破碎、筛分制成的，多是利用机制碎石过程的边角碎料进一步破碎而成，其颗粒棱角尖锐，表面粗糙，质地纯净，但片状颗粒和石粉的含量较多，成本也相对较高；机制砂和天然砂按一定比例混合后，称为混合砂。由于天然矿产资源日趋紧张，一些符合建筑用砂质量标准的尾矿砂也开始在工程中使用，并取得了较好的应用效果，同时也有利于工业废渣尾矿的资源化利用，可取得显著的环保效益。

参考相关国家标准《建筑用砂》(GB/T 14684)、建筑行业标准《普通混凝土用砂石质量及检验方法标准》(JGJ 52)，配制混凝土时所采用的细集料应重点关注以下几方面技术问题：

(1)力学性能。

细集料的力学性能通常采用坚固性来表示，即粗细集料在自然风化和其他外界物理化学因素作用下抵抗破裂的能力。实验室中可以采用硫酸钠溶液法检验,试样经5次循环后其质量损失值应小于有关规定。

(2)粗细程度与颗粒级配。

细集料的粗细程度以细度模数表示。通常情况下,混凝土混合料一般优先选用中砂,细度模数以2.5~3.0为宜,对泵送混凝土则额外规定300 μm方孔筛的通过率应不小于15%。对比而言,用粗砂拌制混凝土比用细砂拌制混凝土节省水泥浆料,但粗砂中往往缺乏细颗粒,导致混凝土混合料较为干涩,黏性下降,影响混合料的流动性和黏聚性;反之,采用细砂和特细砂拌制的混凝土混合料则抵抗粗集料离析能力偏低,而且混凝土的需水量大、水泥用量较高。

需要注意的是,细度模数对细颗粒含量变化的敏感度不高,有时可能细颗粒含量偏高的情况下,计算得到的细度模数却并未发生明显改变,无法准确反映细集料的性能及其对所拌制混凝土工作性的影响。此时,应考虑采用颗粒级配来测试、评价细集料的相关性能。混凝土中细集料应采用符合标准规定的连续级配,良好的颗粒级配有利于降低细集料的空隙率和比表面积,配制混凝土时不仅可以节约水泥,还可以改善混凝土混合料的工作性,提高混凝土的强度和耐久性。

(3)有害物质的含量。

泥质颗粒的存在可能妨碍水泥浆与砂的黏结,影响混凝土的强度和耐久性,特别对于高强混凝土来说尤为明显。此外,泥的质量分数的大小对混凝土用水量和外加剂的使用效果都有一定影响。对于有抗渗、抗冻或其他特殊要求的混凝土,砂中泥的质量分数和泥块的质量分数应分别低于3.0%和1.0%。

海砂、盐湖砂等大多含有高浓度的氯离子,会加速混凝土中埋设钢筋的锈蚀,因此一般不宜用于钢筋混凝土特别是预应力钢筋混凝土,不得已必须使用海砂的情况下,必须经反复清水冲洗和严格的质量检验。钢筋混凝土和预应力混凝土用砂的氯离子质量分数分别应不大于0.06%和0.02%,使用海砂时则氯离子质量分数不应大于0.03%。

1.1.3 水

水是混凝土中水化生成胶凝性物质所必不可少的组分,同时也是混凝土混合料具备流动变形能力的根本原因之一,此外混凝土拌合用水中也不应含有对水泥凝结硬化过程有妨碍或者对硬化混凝土结构和耐久性有负面影响的成分。因此,混凝土的拌制应采用符合建筑行业现行标准《混凝土用水标准》(JGJ 63)的地表水、地下水、再生水、淡化海水等,也可直接采用饮用水。应当指出的是,某些有害物质具有显著的水溶性,且溶液无色无味,因此仅凭外观来判断水质是否可用作混凝土拌合用水是不可靠的,应现场实地取样检验,并通过实验室试拌合混凝土性能检验最终判断水样可否用于调配混凝土。

此外,还应注意混凝土混合料中水量多少并非一成不变的,水泥水化会消耗水,还有一部分水分会被包裹、束缚于颗粒团之中。此外,水分蒸发也会影响混合料的流动性,特别是在高温、大风等不利的天气条件下,可采用冰块降温、表面遮护等方法避免混合料中水分的快速蒸发。

1.1.4 外加剂

混凝土外加剂是一种在混凝土搅拌之前或拌制过程中加入的、用以改善混凝土混合料或硬化后混凝土性能的材料,其掺量通常不大于水泥质量的5%,但其技术经济效果显著。可以说,混凝土技术的发展,特别是高性能混凝土的研制推广,在很大程度上依赖于高效减水剂等优质外加剂的合理使用。因此,选择合适的外加剂已成为保证混凝土混合料质量、满足施工要求的重要技术手段,其性能应符合国家标准《混凝土外加剂》(GB 8076)的要求。此外,还应注意外加剂使用过程中在相容性和经济性方面的表现。

1. 外加剂的经济性

外加剂的经济性与其掺量直接相关,具体为达到一定使用效果所需的外加剂用量。随着混凝土外加剂掺量的提高,混凝土混合料或硬化混凝土的性能得到显著改善,但如外加剂掺量超过某一临界值,其作用效果不再明显提高甚至有所降低,因此称这一临界掺量为该外加剂的饱和掺量。外加剂用量超过饱和掺量,不仅影响外加剂的使用效果,降低混凝土的稳定性,同时外加剂成本提高,混凝土的经济性也随之下降。

2. 相容性及其主要影响因素

相容性(Compatibility),也称适应性,是指符合应用技术规范和相关质量标准的混凝土外加剂,在加入到按规定可以使用该品种外加剂的水泥中并配制为混凝土,如能获得预期使用效果,则表明该水泥与此外加剂是相容的;反之,如应用效果不如预期,则称为相容性不良。影响外加剂相容性的主要因素如下:

(1)水泥。

水泥的矿物组成是影响外加剂与水泥之间相容性的重要因素之一。通常来说,水泥熟料中含铝矿物特别是铝酸三钙(C_3A)的含量越高,则相容性越差。例如,立窑工艺生产水泥时,为了保证熟料的煅烧性,最终产物中 C_3A 的质量分数可达8%甚至更高,在配制混凝土时会明显影响聚羧酸减水剂的使用效果。

含碱量高的水泥与混凝土缓凝剂等的相容性不佳,原因是水泥中含有的碱($Na_2O + 0.658\ K_2O$)会破坏水泥颗粒表面的吸附膜,削弱缓凝剂等外加剂在水泥颗粒表面的附着效果,使水泥水化持续进行,混凝土混合料失去缓凝效果、坍落度损失加大。

外加剂与水泥的相容性还与水泥的细度有关,水泥细度越大,对外加剂的吸附效果越强;同时水泥水化速度快、放热量大,影响液相中外加剂的浓度。因此,用细度大的水泥拌制混凝土时,为达到预期效果,外加剂的用量不得不随之提高。

(2)外加剂。

目前市场上混凝土外加剂的种类繁多、功能迥异,比较常用的包括减水剂、引气剂、早强剂、速凝剂、缓凝剂、膨胀剂等,也包括泵送剂等复合型外加剂。不同类型的外加剂其使用效果各不相同,即使不同厂家制造的同类型外加剂,其作用效果包括与水泥的相容性也不尽相同。特别是在不同类型外加剂复合使用的情况下,不同化学物质之间相互作用,可能对外加剂的使用效果带来负面影响,因此必须通过系统试验,最终以混凝土的各项性能指标作为评价外加剂作用效果的根本依据。

(3)其他因素。

混凝土调配试验表明,磨细掺合材如粉煤灰、焙烧高岭土等的使用有利于改善外加剂的相容性,其作用机理可能是与磨细掺合材和碱、$Ca(OH)_2$之间的反应过程有关。

砂石集料的石粉含量高,或含泥量、泥块含量大,则减水剂等混凝土外加剂的用量通常需要随之增大,才能达到预期使用效果。

如上所述,混凝土外加剂正式投入使用之前,应仔细考察该外加剂与混凝土各组成材料特别是水泥、矿物掺合材之间是否存在相容性问题;当外加剂复合使用时,还应注意外加剂之间的相容性及其对混凝土凝结前后性能的影响。实验室中试配、检测混凝土的各项性能,是发现、解决此类问题的最有效途径。

1.1.5 矿物掺合材

矿物掺合材是指在配制混凝土时加入的具有一定细度和活性的用于改善混凝土混合料和硬化混凝土性能特别是混凝土耐久性的某些矿物类物质,其掺量通常大于水泥用量的5%,细度则与水泥相同或比水泥更细。

目前较为常用的矿物掺合材主要包括粉煤灰、磨细矿渣、硅灰、天然沸石粉等,与外加剂的本质不同主要在于其可以直接参与水泥的水化反应,对水化产物有积极贡献。除硅灰之外,矿物掺合材的使用效果主要包括降低水化热,改善混合料工作性,增进混凝土后期强度,提高混凝土的密实度进而改善混凝土耐久性和抗侵蚀能力,抑制碱-集料反应,等等;从技术经济角度,矿物掺合材的应用在节约水泥、节省能源、改善混凝土性能、扩大混凝土品种、减少环境污染等方面可发挥重要作用。

矿物掺合材在混凝土混合料中的功能主要包括:

(1)形态效应。

优质粉煤灰等矿物掺合材中含有较大量的细小光滑颗粒,可以对砂浆和混凝土混合料的流动变形起到“滚珠”润滑作用,效果类似于普通混凝土减水剂。

(2)微集料效应。

矿物掺合材中的细小颗粒可以充填到水泥颗粒无法进入的孔隙中甚至直接充填水泥颗粒之间的微小空间,改善混凝土的孔结构,还可起到降低含气量的作用。

(3)活性效应。

利用矿物掺合材的潜在水硬性或火山灰活性,可取代部分水泥以提高混凝土的经济效果,由于水化速度低于普通水泥,因此有助于延长混凝土混合料的凝结时间;在混凝土凝结硬化后,又可以与水泥石中的氢氧化钙发生二次水化反应,生成更多对强度和密实度有利的C-S-H凝胶,改善砂浆-石子的界面结合状态,提高混凝土强度、致密性和耐久性。

(4)掺合材密度。

掺合材密度通常小于水泥的密度,因此即使等量取代水泥,也会增大浆体体积,有利于改善混凝土混合料的工作性。

在混凝土设计过程中,除了矿物掺合材的可获得性之外,还应具体根据混凝土的应用环境、强度等级、早期强度发展、工作性等多方面因素选择矿物掺合材,目标是获得高性能、低成本的混凝土;在此基础上,还应综合考察、权衡矿物掺合材的技术经济效果和社会效益。

1.1.6 混合料的配合比

混凝土配合比是指混凝土混合料中各原材料包括粗集料(石子)、细集料(砂)、水泥、矿物掺合材、外加剂等的相互比例,具体表达方式主要有两种:一是单位体积(1 m^3)混凝土混合料中粗集料、细集料、水泥、矿物掺合材、外加剂的用量(kg),同时也要考虑空气泡所占据的体积,按体积法计算混凝土配合比时通常以1%计,这一方法也是混凝土搅拌站等生产实践中通常采用的方法;第二种方法则是将水泥用量(kg)为基础,计算其他原料用量与水泥用量的比值,以此作为混合料配制的依据,适合于小型搅拌机或混凝土试配试验。

混凝土配合比设计的目标是为了获得尽可能经济的但又符合质量要求的混凝土混合料。从堆聚结构形成原理上来说,混凝土应是由粗集料相互搭接形成骨架,细集料充填于粗集料的间隙中,粗细集料组合体的间隙则由水泥颗粒和掺合材负责填充,所余下的更为细小的空间则被水溶液和少量空气所占据。由此形成的结构致密坚固,有利于提高混凝土的强度和耐久性。但另一方面,这种紧密充填结构中大颗粒之间缺少小颗粒和浆体的润滑作用,机械摩擦力和啮合力显著,影响混合料的变形能力;为保证混合料的流动变形性能,则细集料、胶凝材料(水泥+磨细掺合材)和水的用量都要略高于形成最紧密堆聚结构所需的材料用量。实验室当中可采用排水法实测粗集料的空隙率,在此基础上,通过试配、测评混合料工作性的方法得到最佳砂率以及水泥和水的合理用量。

需要注意的是，混凝土中各原材料的用量实际上可在很大范围内加以调整，由此所得到的混凝土混合料和硬化混凝土从结构和性能上都存在较大的差异。对于商品混凝土而言，为适应长距离输送和泵送施工，其流动性通常处于塑性混凝土、大流动性混凝土甚至自密实混凝土范围，所采用的砂率和胶凝材料用量都要高于普通混凝土，此外，在外加剂的使用方面无论外加剂的种类还是用量都有独到之处。近年来，商品砂浆技术得到了重视和推广，其组成材料中取消了粗集料的存在，由于集料粒径减小、比表面积提高，相应的水灰比、水泥用量、外加剂掺量等都有所增大。对于流动变形能力较弱的干硬性混凝土以及细集料、水泥掺量减少时所配制的大孔混凝土（也可称为贫砂混凝土、透水混凝土）等，由于用水量和砂率的降低，其流动性显著减小，对振捣密实过程提出了更高要求；从生产工艺上，则以现场搅拌为主，少数情况下也采用了集中搅拌、卡车运输的方式。

1.2 混合料的结构

从结构的角度，混凝土混合料可看作是由不同大小的固体颗粒与水共同形成的分散体系。其中，细小的固体颗粒如水泥、矿物掺合材等与水构成了连续的浆体，首先包裹粗细集料表面并进而充填集料间的大小空隙，由此产生了显著的润滑作用和内聚性，对混凝土混合料的施工性能具有决定性影响。与此同时，砂石集料则大致均匀地分散于水泥浆体中，颗粒彼此分开但仍通过水泥浆体的黏聚作用而保持在一起；由于体积相对较大、形状不规则，集料颗粒在运动过程中会产生更大的摩擦力和惯性，影响混合料的流动变形性质。此外，混凝土混合料中一般还会存在一定量的气泡，特别是在使用引气剂或引气型外加剂的情况下；这些气泡的存在既有利于改善混合料的塑性变形性能，还可显著提高混凝土的抗渗性和抗冻性，但会对硬化后混凝土的强度等产生不利影响。

在自重或外力作用下，普通混凝土混合料可发生明显的塑性变形，同时又不失去整体连续性，其原因主要是水泥浆体所产生的内聚性以及砂、磨细掺合材、细小气泡等所产生的“滚珠”润滑作用。由于混合料承载应力的能力很低，因此混凝土混合料可依靠自身重力或机械作用，在施工过程中发生沿斜面或管道流动、穿过钢筋或模板的狭小间隙以及充填布满模板的各个角落。混凝土混合料中各组成材料的分布应保持宏观均匀性,但在振捣及凝结固化等阶段,由于不同颗粒在密度、质量、尺寸等方面的差异会发生相对位移,粗集料等大颗粒下沉,水泥浆体与气泡上浮,严重时会引起混合料的分层与离析泌水。

随着时间(龄期)的延续,拌合水参与胶凝材料的水化反应或因吸附、蒸发等原因不断消耗,水泥、矿物掺合材等则通过水化反应逐渐转化为体积更大的固相;两种趋势共同作用,使得固体颗粒的间距逐渐减小,粒子间彼此接近并开始形成牢固结合,其结果是混凝土混合料逐渐失去塑性并最终形成坚固的硬化混凝土结构。在此过程中,混合料逐渐凝结硬化并牢固握裹内置钢筋、纤维等增强材料。作为现场浇注、固化的人工材料,混凝土混合料对硬化后混凝土的结构与性能具有显著影响,这不仅取决于混合料自身的组成、结构与性能,同时还与搅拌、浇注、成型、密实、养护等一系列混凝土施工工艺有着密切关系,其中最为关键的技术要求在于,混合料的结构与性能必须与具体的施工工艺及其工作参数相适应,才能获得均匀、密实的混凝土硬化体。

20 世纪中后期以来,商品混凝土特别是泵送混凝土技术的发展普及,从根本上改变了混凝土现场搅拌施工的粗放式管理模式,以电子计量、集中搅拌、长距离输送、泵送浇注、高频机械振捣等工艺为特征的现代化混凝土生产技术在保证了混凝土结构质量的同时,在施工速度、生产成本、环境保护等方面也表现出传统工艺无法比拟的经济技术优势。但与此同时,这些新工艺的应用也对混凝土混合料的结构和性能提出了新的要求和挑战。

第2章　混合料的性能

工程实践表明，混凝土混合料必须具有与相应施工条件匹配的连续变形性能及保持组分均匀稳定、不离析的能力，才可能制备出质地优良、坚固耐用的混凝土结构体。因此，有必要找到一种能够准确反映混凝土混合料施工性能、容易进行实验室和现场控制的定量评价方法及相应的测试指标。目前已知的可用于评价混凝土施工性能的方法、指标达数百种，不过直到目前为止，仍没有一种公认的方法或单一指标能够全面、准确地反映混凝土混合料所有与施工相关的性能。在目前的试验研究和工程实践中，大多采用工作性(Workability)这一概念描述混合料的施工性能；从理论研究角度，也可采用流变学理论和参数阐析混凝土混合料的流动变形性能。

2.1　混凝土工作性

顾名思义，混凝土的工作性就是混凝土在施工过程中所表现出的性能，但由于混凝土品种、性能和施工工艺的复杂性和多样性，对混凝土工作性具体定义、含义及可靠评价方法的确认仍是一个世界性的技术难题。多数情况下，仍然是采用定量测定混凝土混合料的流动性，辅以对混合料保持稳定、组分不分离等情况的直接观察，作为评价混凝土混合料施工性能的主要技术手段。尽管如此，混凝土工作性仍然是混凝土最重要、最有效的性能之一，也是评价混凝土混合料性能好坏的有效标准。

国内现有的混凝土的工作性定义与含义，是在黄大能先生的工作基础上发展起来的，是指混凝土混合料易于进行各工序施工操作(搅拌、运输、浇注、捣实、成型)，并获得质量均匀、结构密实的混凝土的性能，也称和易性。作为一项综合技术性质，工作性应主要包括流动性、黏聚性和保水性三方面的含义。此外，根据商品混凝土的技术工艺特点，还应引入可泵性的概念。

2.1.1 流动性

流动性也称稠度，是指混合料在自重或机械振捣作用下，能流动并均匀密实地填满模板的性能。作为工作性三项含义中最容易实现快速检测和量化控制的指标，不管是在实验室、搅拌站还是施工现场，流动性都已成为混合料性能表征和质量控制最为重要和普遍的技术手段，因此具有极为重要的研究和应用意义。

混合料流动性的大小直接关系着施工振捣的难易程度和浇注的质量。混凝土材料的性能优势之一是可容易地浇注到模板中并获得任何形状的构件，这一特性的实现主要是通过混合料的流动性来完成的。不同类型的混凝土在流动性上可存在显著差异，但均与相应的搅拌、运输、浇注、捣实等施工操作工艺相适应，最终获得结构密实、耐久性优良的混凝土结构。

实际施工过程中，应根据具体施工条件和使用环境确定混凝土混合料的流动性，同时还应考虑流动性经时损失、运输距离、振捣方式、环境温湿度等因素的影响。对于泵送施工的普通混凝土来说，泵机入口处实测坍落度（称现场坍落度）不得低于 120 mm，因此搅拌站初始坍落度（即搅拌机出口处混合料的坍落度，也称出站坍落度）一般控制在（200±20）mm；除上述因素外，还应根据楼层高低以及施工部位等因素加以调整，但原则上不大于 230 mm，而非泵送混凝土的初始流动度则一般不超过 180 mm；大体积混凝土在满足施工要求的前提下尽量减少坍落度，原则上控制初始坍落度在（180±20）mm；道路、地坪用混凝土在泵送情况下初始坍落度不宜超过 180 mm，非泵送时则控制不大于 150 mm，同时避免出现泌水、起灰或泛砂等不良问题；水下浇注混凝土除良好的工作性外，还应考虑包裹性、水下抗分离性等要求，初始坍落度宜控制在（180±20）mm；高强混凝土初始坍落度可适当加大，一般在（220±20）mm，表面不能有明显浮浆。总体而言，夏季气温高，初始坍落度宜取上限值；气温相对较低的季节则取下限值。

流动性偏低，则无法顺利完成浇注、振捣等施工操作，也难以获得均匀、密实、完整的混凝土结构体；反之，如流动性过高，则混合料易于发生离析泌水等不良现象，在泵送时可能发生堵管等问题，对于分批浇注的大型混凝土结构，在不同批次浇注的混凝土之间也容易出现较弱的界面区。

2.1.2 黏聚性

黏聚性是指混凝土混合料各组成材料之间具有一定的凝聚力，在运输和浇注过程中不致发生分层离析现象，使混凝土保持整体均匀的性能。对于混凝土而言，不同大小的固体颗粒与水所形成的分散体系在各施工操作以及凝结硬化过程中始终保持均匀分散状态，对于硬化后混凝土的密实性和强度、耐久性等性能指标均具有十分重要的意义。

混凝土混合料是由砂、石、水泥和水等密度、尺寸、形态各不相同的物质混合在一起构成的，在运输、浇注、振捣过程中，由于混合料自身原因或者施工条件、环境状况等因素的作用，难以维持其均一性，各种材料发生分离，严重影响混合料的工作性，结果可导致混凝土的结构均匀性变差，硬化后混凝土的强度、密实度和耐久性也被明显削弱。

混凝土混合料可看作是由颗粒体和连续液相所组成的混合物，但颗粒相与液体相的划分是相对的，由此产生的组分分离现象的具体表现也有所不同：

(1)将全部固体颗粒看作是一个整体，水作为液体相，则颗粒体和液相分离的现象表现为泌水(后面将单独加以讨论)，细小固体颗粒对水分的吸附作用可减少甚至防止泌水的发生，因此提高砂率、增大磨细掺料用量都有助于改善混合料的泌水。

(2)将粗细集料看作是一个整体颗粒相，水泥、矿物掺合材和水共同组成液体相，则两相分离表现为集料下沉、水泥浆上浮，即发生浮浆，其速度取决于胶凝材料浆体的黏度以及集料的空隙率。

(3)只将粗集料看作是颗粒相，砂浆作为液体相，则粗集料粒径越大、密度越高(或越低)，相应颗粒体下沉或上浮的速度越快，即出现离析，提高砂浆的黏聚性有利于缓解混合料离析现象的发生。

从这一角度上说，泌水、浮浆、离析实质上是三个不同层次上的分离现象，只是考虑问题的角度略有不同。

离析是混凝土黏聚性不良的重要表现之一，下面将对离析的发生机理与危害进行简单讨论。

1. 离析与离析机理

混凝土混合料各组分分离，造成不均匀和失去连续性的现象，称为离析。

混凝土混合料的离析通常有两种方式:一种是混合料中最粗最重的集料积聚于混合料底部,而水泥砂浆、稀浆上浮至顶部,称为内部离析;另一种是当混凝土混合料被不适当地堆放成锥形,粗集料在重力作用下滚落、积聚在料堆底部边界,结果导致料堆内部的细集料含量高于外侧,因此称为外部离析。外部离析的另外一种表现是稀水泥浆从混合料中淌出,主要发生在流动性大的混凝土混合料中。

内部离析的产生原因主要是混凝土混合料各组分的密度不同,在静止状态下,粗集料的密度高于水泥浆体,因此倾向于发生沉降运动(对于轻集料来说,也可以发生上浮),降低混凝土混合料的均匀性和连续性;密度差越大,离析越严重。从本性上说,混合料的内部离析是不可避免的,但适当的配合比与合理的施工操作可起到减少离析的作用。

外部离析的产生原因则与水泥浆体的内聚性差、水泥用量过少或水灰比偏大等有关,导致在粗集料堆放或运动时从砂浆中脱出,或者发生水泥稀浆从混合料中淌出的现象。此外,施工管理不当,混合料自由下落或沿斜面运动距离过长,粗集料和砂浆在流动特性上的差异也会加剧外部离析现象:在运输和装卸过程中,非干硬性混凝土混合料沿斜槽向下运动时,质量较大的颗粒移动速度快,混合料表面物料比底部物料的流动速度快,由此导致离析现象的发生;同样情况下,干硬性混凝土的运动状态却是沿槽面的整体滑移,固体颗粒间的相对位置保持大致不变,因此不会发生离析。混凝土混合料从高处下落、堆积时,不同大小颗粒间的运动速度和相对位移不同,停止的位置也有所差异,引起混合料的离析。对于泵送混凝土而言,沿输送管道内壁存在的摩擦阻力导致沿输送方向存在一个压力梯度,沿管径方向存在一个速度梯度,结果导致流动性良好的砂浆优先行进,而粗集料则明显滞后,由此导致的离析现象在严重情况下可导致泵送管道的堵塞。混凝土混合料在过度振捣如振捣时间过长时,由于颗粒沉降速度不同而导致离析现象的发生。

当混凝土混合料中粗集料尺寸与钢筋间距相当甚至更大时,在配筋部位仅允许砂浆通过而粗集料被阻留,由此产生的空洞将严重影响混凝土的密实度并使混凝土的强度和钢筋握裹力显著下降。水泥浆从混合料中分离的现象大多出现于混凝土混合料水灰比过大的情况下,可导致混凝土粗集料外露或混凝土表面浮浆、粉化等现象,不仅影响混凝土构件的外观,而且所产生的微裂缝等结构缺陷也将影响混凝土的物理力学性能。

无论哪种原因所导致的离析现象,随着粗集料最大粒径增大,其比表面积越小,运动惯性越大,在静止和运输、浇注等过程中也更易于发生沉降或脱出,即混凝土发生离析的倾向越明显。提高混凝土混合料的稠度,不管是降低水灰比、增大砂率、掺粉煤灰等磨细掺合材或者引入大量细小气泡等,都有利于避免混合料的离析。

2. 离析的危害

(1)严重影响混凝土的泵送、抹面等施工性能,泵管阻力增大、输送距离缩短,石子因浆体流淌而外露,不易抹平。

(2)拆模后的混凝土容易出现麻面、蜂窝、粗集料外露等多种缺陷,严重的还会发生露筋、孔洞等现象,破坏混凝土对钢筋的有效防护,影响混凝土的外观。

(3)混凝土的均质性差,导致混凝土结构各部位收缩不一致,容易产生收缩裂缝。

(4)混凝土强度有一定降低,特别是横向长度大的结构体,离析后底层因浆体流淌而变厚,面层缺少砂浆而露石,混凝土整体握裹力差,影响混凝土结构承载能力,情况严重的只能返工,此外硬化混凝土的抗渗、抗冻、抗腐蚀等性能也受到显著影响。

2.1.3 保水性

保水性是指混凝土混合料具有一定的保持内部水分的能力,在施工过程中不致产生严重的泌水现象。保水性差的混凝土混合料易于在混凝土内部形成泌水通道,降低混凝土的密实度和抗渗性,使硬化混凝土的强度和耐久性受到影响。

保水性差的混凝土混合料易于发生泌水,具体是指浇注入模的混凝土在凝固前,因固体颗粒下沉、水上升并在混凝土表面析出的现象。表面水分的形成与蒸发将导致硬化后混凝土的体积比刚浇注成型的混凝土的小,即沉降收缩现象。一般来说,泌水速度通常高于表面的水分蒸发速度,则表面水量逐渐增多,但如天气干燥、气温较高或流经表面的气流速度快,导致水分蒸发速度大于泌水速度时,则水面会逐渐收缩于固体颗粒层的表面甚至深入颗粒层内部,形成凹液面,由此产生的毛细管压力可使固体颗粒形成凝聚,如混凝土尚未充分硬化,在拉应力作用下就会产生裂缝,称为塑性收缩裂缝。

1. 泌水机理

泌水过程中,水分从整修表面均匀渗出而发生缓慢的积聚,称为正常泌水;或者可能除均匀渗出外还会发展出许多局部通道将水带至表面,称为通道泌水。

正常泌水是新拌物料中固体粒子沉降、水分上升的结果。由于粒子的沉降速率主要取决于混合料的渗透系数和浆体含量,因此初期泌水的速率可保持恒定,直至最顶层的沉降界面与底部紧密层相接触为止,但泌水持续时间和泌水数量会随混合料高度的增大而增加。顶层或其他任何一层的含水量在恒定速率泌水期间保持不变,此后逐渐降低。某些边界,例如粗集料、模板、钢筋等,可减少泌水作用的发生,但可能会在相应物体底部附近形成水囊。过度的泌水是有害的,会导致混凝土结构不均匀性增大,但适量的未受扰动的正常泌水现象可能还是有益的,因其可在一定程度上防止混凝土表面干燥,便于表面整修作业并阻止塑性开裂的发生。

通道泌水是由于水分上升中透过成团颗粒并导致机械破裂的结果,此时,水灰比的升高引起局部混合料的团块阻力下降,一旦通道形成,侧壁进入的水经过通道上升,其流动速率足以从混合料内部带出细料如水泥、掺合材或细砂,在表面上形成一层浮浆,其强度明显低于正常混凝土甚至出现粉化层。

2. 泌水的危害

(1)泌水使位于上层部位的混合料含水量上升,水灰(胶)比加大,导致硬化后混凝土面层的强度低、耐磨性差,影响混凝土质量均匀性和使用效果。随着泌水过程的进行,部分水泥颗粒上升并堆积在混凝土表面,称为浮浆,最终形成疏松层。对于分层浇注的混凝土工程,疏松层的存在将大大降低水平施工缝处两层混凝土间的黏结强度,削弱构件的整体性,影响工程质量。

(2)泌水停留在粗集料下方可形成水囊,在混凝土硬化后形成孔隙,将严重削弱粗集料与水泥石之间的黏结强度,致使混凝土构件强度和耐久性下降。

(3)泌水停留在钢筋下方所形成的薄弱间层,可明显降低钢筋与混凝土之间的界面结合程度和握裹力,导致混凝土护筋能力降低,力学强度下降,还可导致先张法预应力混凝土构件的应力损失。

(4)泌水上升所形成的连通孔道,在水分蒸发后变为混凝土结构内部的连通孔隙,可成为外界水分和侵蚀性物质的出入通道,严重削弱混凝土的抗渗性和耐侵蚀能力。

2.1.4 可泵性

近年来,商品混凝土及其配套施工技术迅速发展、普及,随之而来的是泵送工艺对混凝土混合料工作性的新的需求。一般认为,混凝土的可泵性主要表现在流动性(大坍落度)和内聚性两个方面,其中流动性是混凝土混合料实现泵送的基本条件,而内聚性是指混合料抵抗分层离析的能力,目的是在搅拌、运输到泵送的整个过程中混凝土混合料中的集料特别是粗集料能够始终保持均匀分散的状态,保证混合料泵送过程的顺利完成。

通常情况下,塑性大、工作性好的混凝土,泵送过程也较为流畅,但流动性并非可泵性的唯一含义。除了泵送管道内的输送运动之外,可泵性还要求混凝土混合料在泵送过程之后,仍能保持良好的均匀性和稳定性,不能发生明显的分层、离析或组分分离等现象。因此,可泵性良好的混凝土,必须同时满足压送阻力低并可防止离析两个基本条件,同时在泵送过程中,混合料的质量不得发生明显变化。目前中低密度轻集料混凝土的泵送施工难度大,原因就是轻质集料在泵送过程中容易上浮,特别是大流动性情况下混合料的组分离析难以控制。

泵送混凝土的坍落度不能过低或过高,过低则管道阻力偏大,泵送过程不流畅;过高则易发生组分离析,集料在弯管或锥形管处积存,造成堵管事故。对于混凝土混合料来说,泵机入口处的坍落度一般不低于150 mm,而且随泵送距离特别是泵送高度的增大,坍落度值还会进一步增加。配合比设计时,应考虑到混凝土泵送施工要求、在运输过程及施工现场等待期间所产生的坍落度损失,初始坍落度则需达到180 mm甚至更高。

实际生产过程中,在泵送前全部的输送管道需要先后用水和砂浆“洗管”,目的是清洁管道并在管壁上形成一润滑层,有利于保证混凝土泵送施工的顺利进行。即使这样,泵送混凝土配合比中粗集料的用量不宜过多,粒径不宜过大,否则容易造成泵送后混合料离析。另一方面,混凝土配合比中水泥用量也不宜过大,否则混合料过于黏稠,容易破坏管壁润滑层,影响泵送施工。

应当指出，上述几种性能特别是流动性、黏聚性和保水性在某种程度上是相互矛盾的。通常情况下，黏聚性好则混凝土混合料在保水性方面表现较好，但如混凝土混合料的流动性增大，则其保水性和黏聚性往往变差；反之亦然。工作性良好的混凝土既具有满足施工要求的流动性，又具有良好的黏聚性和保水性。因此，不能简单地将流动性大的混凝土称为工作性好，或者流动性减小就说成工作性变差。混凝土技术人员应根据具体的施工要求，采取各种工艺手段对混合料的工作性加以调整和控制。良好的工作性既是施工的要求也是获得质量均匀密实混凝土的基本保证，必须注意工作性评定的综合性、相对性和复杂性。

综合性是指混凝土多种工作性质的综合。工作性良好意味着混凝土混合料在搅拌、运输、浇注、捣实、抹面等各个工序都能顺利施工，并容易获得所需均匀密实的结构和规整的表面。但由于使用环境、受力状态、施工条件等方面的差别，对混凝土混合料的工作性能要求也有很大差异，因此也难以通过单一指标表示混合料的优劣。

相对性是指工作性的好坏实际上也取决于具体的施工方法、设备参数以及模板条件、配筋疏密等。举例来说，预制混凝土制品采用干硬性混凝土，除了因为强度更高，也是由于此类混凝土可与高频振捣、压力成型等工艺相适应；比较而言，泵送工艺要求混凝土的流动性大，但仍保持良好的抗离析能力，且泵送压力低，等等。因此，采用简单指标去对比不同类型混凝土工作性的好坏，本身这一做法就是不科学的。

复杂性是指工作性涉及多种无法直接测量的复杂性能，因此工作性甚至没有普遍认可的明确意义，也不可能有一种简便方法加以测定表征。工作性不仅体现了混合料本身客观存在的物理性质，还包含有建筑条件和工程特点等外部因素，同时还体现了施工人员和使用者的主观选择和要求。

2.2 混合料的流变学特征

由 2.1 节可知，混凝土混合料的流动变形性能涉及方方面面，采用单一的测试方法或技术指标很难完全、充分地体现混合料性能的优劣，即使是普遍采用的“工作性”这一概念，其中经验性判断和人为因素也非常明显。怎样更为准确、更为精确地表征混凝土混合料的结构与性能,无疑是一个很普遍但又难以解决的技术难题。在众多相关实验研究和工程实践中,经常采用流变学理论和方法探讨混凝土混合料的流动变形性质并已经取得一系列的成果,尽管在相应测试方法的简化等方面还有很长的路要走。

2.2.1 混合料的流变规律

作为多元分散体系,混凝土混合料至少包含三个相:一是流动相,主要是水泥浆,也包括细小的矿物掺合材颗粒,在混凝土混合料中起润滑作用,同时也赋予混凝土混合料良好的流动性和内聚性,并在混凝土硬化后起胶结作用;二是固相,即粗细集料,主要起骨架填充作用,其重力和惯性明显,在混凝土混合料中会影响体系的流动变形;第三是气相,搅拌时引入或由引气剂生成,有助于混凝土混合料的塑性变形并减少泌水现象的产生。三者密切配合,共同作用,才可能获得性能良好的混凝土混合料,进而获得密实坚固的硬化混凝土结构。在凝结硬化之前或之后,混凝土混合料始终表现出弹性、黏性、塑性以及强度等特征且具有随时间演变的特性,因此可以采用流变学观点研究混凝土混合料三相之间的协同作用及其对混凝土混合料流动变形能力的影响规律。比较而言,水泥浆体和砂浆在某种程度上可认为是均质的、连续的,但对于混凝土混合料来说,由于粗集料颗粒粒度大、数量众多,在形态、密度、流动特性等方面与砂浆特别是水泥净浆存在明显差异,因此其流变学研究的难度更大,相对也更为复杂。

表征混凝土混合料的流动变形特性可采用流变学中的宾汉姆模型加以描述,具体数学表达式为

$$\tau = \tau_0 + \eta \frac{d\gamma}{dt} \tag{2.1}$$

式中 τ—— 剪切应力;

τ_0—— 极限剪切应力(也称屈服应力);

η—— 黏性系数;

$d\gamma/dt$—— 变形速度。

可以看到,只有当外力所引起的剪切应力 τ 超过极限剪切应力 τ_0 时,混合料才可能发生黏性流动,其速度与应力差($\tau - \tau_0$)成正比、与黏性系数 η 成

反比。公式(2.1) 中 τ_0 如等于0,则相应流变模型称为牛顿液体,实际是宾汉姆体的一个特例。

牛顿液体和宾汉姆体的流动方程中黏性系数 η 为常数,因此变形速度 $d\gamma/dt$ 与剪切应力 τ 之间的关系曲线呈直线状(图2.1(a)、(c))。如液体中有分散粒子存在,则黏性系数 η 是 $d\gamma/dt$ 或 τ 的函数,相应流动曲线形状如图2.1(b)、(d) 所示,分别称为非牛顿液体和一般宾汉姆体。一般而言,砂浆和大流动性的混凝土混合料接近于非牛顿液体,而普通混凝土混合料则接近一般宾汉姆体。

从图2.1可以看到,对于混凝土混合料来说,当外力所产生的剪切应力接近屈服应力 τ_0 时,曲线(b)、(d) 的斜率由0开始逐渐增大,至剪切应力达到 τ_0 或更高应力状态时,呈一直线关系;直线延长线与 τ 轴的交点定义为屈服应力 τ_0,直线及其延长线斜率的倒数即为黏性系数 η。图2.1曲线显示混合料的黏度系数 η 并非一个定值,而是一个随变形速度 $d\gamma/dt$ 的增大而逐渐减小并渐渐趋近一个恒定值的过程,这与工程实践中搅拌机启动时混合料流动性的状态改变是一致的。

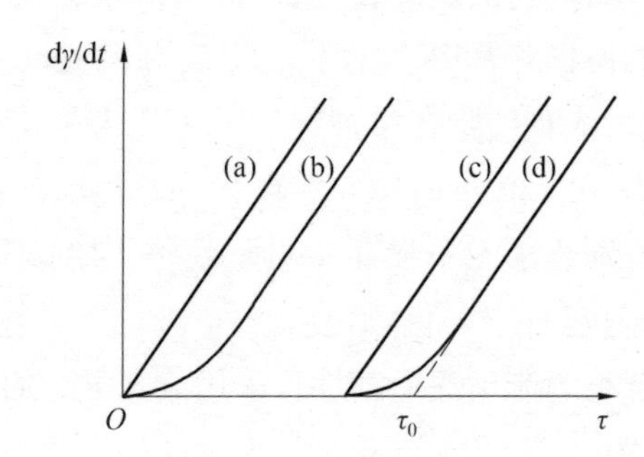

图2.1　混凝土混合料流变特性的曲线表征

2.2.2　流变学参数及其物理意义

宾汉姆流变模型中极限剪切应力 τ_0 和黏性系数 η 是最为关键的两个参数,直接反映了混凝土的流动变形性质,其本质可以从混合料组成与结构的角度加以解释。

1. 极限剪应力 τ_0(塑性强度 P_m)

对于符合宾汉姆体模型的混凝土混合料而言,极限剪应力 τ_0 可以说是混合料最重要的流变学参数,反映了材料阻止塑性变形发生的最大应力,因此也称塑性强度(P_m)。材料内部在自身质量或者外力作用下所产生的剪应力小于极限剪应力 τ_0 时,混合料中各组分在内聚力作用下保持位置不变,不发生流动变形;只有当剪应力高于极限剪应力 τ_0 时,混合料的流动变形才会发生,形成一定形状的制品,且只有制品本身质量所产生的应力不超过极限剪应力时,这一形状才能长久保持不变。

混凝土混合料的极限剪应力 τ_0 是由其组成材料各粒子间的附着力和机械啮合力所引起的,是材料内聚力的具体表现。影响混凝土混合料极限剪应力 τ_0 的最主要因素为用水量和化学外加剂,一般情况下,混凝土的单位用水量越大,极限剪应力 τ_0 越小;掺入减水剂(塑化剂)也可使极限剪应力 τ_0 降低。在塑性变形阶段,混合料的极限剪应力 τ_0 在较长时间内保持在低值,因此有利于混合料的流动变形;有关研究成果指出,当坍落度为180 mm时,混凝土混合料的极限剪应力 τ_0 大致为100 ~ 400 Pa。随水泥水化过程的进行,特别是初凝开始之后,混凝土的极限剪应力 τ_0 迅速提高,混合料也失去流动性。当坍落度恰好为0时,混合料的极限剪应力 τ_0 为1 000 ~ 10 000 Pa,水化时间延长,这一指标还将继续增长。

2. 黏性系数 η

黏性系数 η 反映了作用力与流动速度之间的关系。即使坍落度值相同,如果混凝土混合料的黏性系数 η 不一样,则混合料的流动和变形的速度也不相同,因此混合料从开始变形到停止坍落的时间(即变形时间)也会有较大差别。混凝土混合料的黏性系数 η 越大,则变形时间越长,越不容易流动。

图2.1分析中看到,混合料的黏度系数 η 随变形速度 $d\gamma/dt$ 加快而逐渐减小并渐趋恒定,其实质是水泥浆体凝聚结构的受力破坏行为所致。水泥浆中分布有不同大小的固体颗粒并形成了一定的凝聚结构,当剪应力小于初始破坏应力时,凝聚结构仍可保持稳定、未受实际破坏,相应黏性系数具有恒定的最大值(η_0);当外力所产生的剪切应力接近 τ_0 时,黏性系数迅速降低,水泥浆体的凝聚结构发生“雪崩”式破坏,黏性系数迅速减小后达到最小值(η_{min})且不再随应力或变形速度的变化而变化。反之,当使混凝土混合料发生相对移动的外力撤除时,如搅拌叶片静止的瞬间,在浆体内聚力的作用下,混合料的变形速度降低,相应黏性系数则从最小值开始增加,速率先慢后快,对应着

水泥浆体中凝聚结构的重新形成过程。这种在机械搅拌状态下,水泥浆体从凝胶状态转变为黏度较小的溶胶状态,混凝土混合料流动性增大,但在静置一段时间后又恢复原有状态的性质,称为触变性,具体表现为剪切作用下,浆体发生形变时的 τ/γ 比值的暂时性降低,或联系实际情况下混凝土混合料在搅拌状态下黏稠性减小的行为。

一般来说,水泥用量多的混凝土,其黏性系数 η 有增大的趋势,特别是使用减水剂降低单位用水量时,与不掺减水剂且坍落度值相同的混凝土混合料相比可表现出更大的黏性。影响混凝土黏性系数 η 的因素还包括水灰比、用水量、水泥及磨细掺合料的用量等,影响机理则非常复杂。

2.2.3 流变学参数的测定

混凝土混合料的流变学性能测定存在很多技术难点,目前尚处于不完善状态,其中几种具有代表性的试验方法简单介绍如下。

(1)回转黏度仪(流变仪)法。

所采用回转黏度仪多为双重圆筒形结构,也称库尔特黏度计,其基本结构是两个同轴但可单独运动的圆筒,圆筒间隙则充填有所测试的液态物质。在试验过程中,外层圆筒的旋转运动可以通过液相的黏性牵引作用传递给内筒,形成一定的转动力矩;调整外筒的转动速度,可以直接测定多组转动力矩和相应的回转速度,再根据理论公式分别换算成剪切应力和剪切应变速率,在应力-应变速率坐标系内绘制曲线。通过直线部分的斜率和在应力轴上的截距,求解得到混合料的黏性系数和极限剪应力。

(2)提升球体型黏度计。

该试验方法是匀速提升在混凝土混合料中的球体,测定提升速度和提升荷载,以此来衡量混合料的黏度。其特点是简单快捷,可广泛应用于砂浆和水泥浆的流变学常数测试。但该方法的理论基础是在球体周围产生层流,而混凝土混合料中存在数量众多的颗粒较大的粗集料,该方法很难适应,因此只限于测定非常柔软的浆体试样。

(3)两点式试验。

由于宾汉姆体模型的应力-应变速率曲线并不通过坐标系原点,因此为求得极限剪应力和黏度系数两个流变学参数,需要测试不同的两点以上的应力-应变速率关系,两点式试验即表示这个概念。所采用的设备是类似于搅拌机翼型的回转式黏度仪,为了防止测量过程中材料分离,一般利用回转翼一边搅拌,一边测定多个力矩-回转速度的关系,由此得到的流变学参数值分别称为表观极限剪应力和表观塑性黏度。

(4)剪切法试验。

剪切项试验假设试样整体发生剪切变形,将试料装入上下分成两段的容器内,当改变垂直压力 P 时,可测得不同的使混凝土混合料发生运动的最大剪切应力 τ_{max}。所得 P-τ 曲线呈直线关系,延长后在 τ 轴上的截距即为 τ_0。改变剪切速度进行多次试验,可求出黏性系数。

(5)滑移阻力试验。

泵送施工已经成为现代混凝土施工中的常规技术手段,在泵送过程中泵管内壁面上所产生的滑移阻力在压力损失中占据很大比例,因此与混凝土混合料自身的流变特性相比,准确测量混凝土混合料与泵管内壁之间的滑移阻力,对于估测施工难易程度十分重要。其测试方法可分为两种,一种是改变滑移应力测定滑移阻力,另一种是改变滑移速度测定滑移黏性。

2.2.4 流变特性的主要影响因素

混凝土混合料具备流动变形能力的基本条件是足量塑性浆体的存在,诸如水泥品种与用量、水灰比与单位用水量、矿物掺合材的性质与数量、外加剂、水化龄期、环境温度与湿度、搅拌条件等因素都会影响塑性浆体的性质与数量,进而对混凝土混合料的流动变形性质产生影响。

1. 水泥的品种与细度

试验表明,水泥熟料矿物组成对水泥浆及混凝土混合料的流变性能有较大影响,其中最主要的就是 C_3A 的含量,当 C_3A 的含量提高时,浆体的黏度系数 η 和极限剪应力 τ_0 都随之增大,这种影响在水化反应初凝时间以后更加明显,因此也可以作为水泥浆体及混凝土混合料发生初凝的具体表现。

水泥细度越大,则水化反应越快,产生的水化产物越多,彼此之间的凝聚效应也越显著,可导致水泥浆体和混凝土混合料的黏稠度和塑性强度增大,即黏度系数 η 和极限剪应力 τ_0 随细度增大都呈现上升趋势。

常见混合材品种,不管反应活性如何,在水泥浆体塑性阶段基本都不会参与水化过程,因此水泥中掺入的混合材将水泥熟料颗粒分隔包围,增大了水化产物的存在空间,如粉煤灰中玻璃微珠的存在还可起到“滚珠”润滑作用,因此相应水泥浆体及混凝土混合料的黏度系数 η 和极限剪应力 τ_0 均低于同等条件下水化的无混合材水泥,而且随混合材掺量的提高,黏度系数 η 和极限剪应力 τ_0 呈下降趋势。类似效果也出现在混凝土混合料使用矿物掺合材的情况中。

2. 水灰(胶)比与单位用水量

作为影响水泥浆和混合料流变性能的最关键因素,水灰(胶)比与单位用水量共同作用,不仅决定了物料的流变特性如黏度系数 η 和极限剪应力 τ_0,同时也决定了塑性水泥浆体的数量。足够量的水泥浆体是混凝土混合料能够发生流动变形的根本保障。已有试验结果表明,在水泥凝结前各个水化龄期,随着水灰比的增大,黏度系数 η 和极限剪应力 τ_0 均呈降低趋势;相同水灰(胶)比情况下,单位用水量越大,则水泥浆体越多,混合料的流动度也随之提高。

3. 掺合材的品种与数量

掺合材对混凝土混合料流变性能的影响部分类似于水泥中所使用的混合材,略有不同的是,由于掺合材的密度一般要低于水泥,因此即使在等量取代水泥的情况下,也相当于混凝土混合料中塑性浆体的体积分数增大,对混合料的流动变形是有利的。

对于同种掺合材来说,其细度越大,表面越光滑,球形颗粒越多,混凝土混合料的流动性越好,相应黏度系数 η 和极限剪应力 τ_0 则有所降低。

4. 水化龄期

硅酸盐水泥浆体的流变学试验表明,水泥浆在 45 min 之前,黏度系数 η 和极限剪应力 τ_0 的变化不大,即对应于水泥水化速度趋近于 0 的诱导期;超过这一时间,η 和 τ_0 的增长加快,即初凝开始阶段,两小时后增长速度更快,即水泥浆体凝聚-结晶结构迅速发展,水泥进入终凝阶段。施工操作必须在初凝时间之前完成,在此之前,水泥浆体和混凝土混合料可较长时间保持塑性状态,有助于施工过程顺利进行并形成均匀密实的混凝土结构体,在凝结硬化后获得坚固的混凝土硬化体。

5. 外加剂

减水剂(也称塑化剂)可以在相同水灰比和单位用水量的情况下,显著提高混凝土混合料的流动性,即大幅度减小了黏度系数 η 和极限剪应力 τ_0。

引气剂可以在混凝土混合料中引入大量细小、独立、封闭的气泡,可增大混合料的变形能力,并在固体颗粒发生相对位移时起到润滑作用,因此有助于提高混凝土的流动性。由于气泡表面会吸附大量水分,混凝土混合料的黏聚性增强,即黏度系数 η 提高,但极限剪应力 τ_0 由于大量微小气泡的存在则有所减小。

缓凝剂和促凝剂从不同方向上对水泥浆体和混凝土混合料的凝结时间进行调控,结果导致在同一水化龄期,物料的黏度系数 η 和极限剪应力 τ_0 因水化速度的快/慢而呈现升高/降低的趋势。

6. 环境温度与湿度

环境温度的提高会加速水化反应的进行,黏度系数 η 和极限剪应力 τ_0 随之增大,但增大幅度在水化反应初期并不明显,超过初凝时间之后则结构发展迅速,η 和 τ_0 增长显著。此外,环境温度提高、湿度降低、表面风速增大,都会加快物料中自由水分的蒸发,黏度系数 η 和极限剪应力 τ_0 呈增大趋势,但应注意物料表面和内部的差异。

7. 搅拌条件

搅拌条件主要指搅拌的速度与持续时间。混凝土混合料的黏度随剪切速度的增大而呈下降并逐渐接近最小值的趋势,因此混合料的流动性随搅拌机的启动而增大,初始启动力矩最大,而后逐渐降低至稳定。商品混凝土输送车至浇注地点附近加速搅拌数分钟,也是此原因。但如时间过长,混凝土混合料开始凝结硬化,黏度系数 η 和极限剪应力 τ_0 迅速增大,甚至超过搅拌电动机的安全力矩,则可能造成设备的严重损毁,必须加以重视。

2.3 含 气 量

混合料中的空气可作为气泡存在于水泥浆中,或溶解于拌合水中,或存在于水泥和集料颗粒的孔隙中。颗粒中的孔会吸收部分拌合用水,导致混凝土有效水灰比减小、流动性降低,影响混合料的工作性。基体中的空气则以气泡的形式存在,来源可以是机械搅拌也可以来自于外加剂的作用,不过两种原理产生的气泡都带有膜壁结构,尺寸和形状也比较类似,很难找到一个可靠的方法区分气泡的来源。

在不使用引气剂的情况下，通过适度的搅拌或揉捏工艺，表面位置的混合料旋转进入内部并携入一定量的空气，从而在混凝土混合料内部引入气泡。但由于浆体本身大致均匀地分散、摊薄在集料颗粒之间，无法持有大量空气，因此气泡往往是被集料颗粒截留在混凝土混合料中，呈离散、不连续的分布状态，形状也不规则。即使捣固良好的塑性混凝土混合料，其截留空气量也可达到基体体积的5%甚至更多。材料如因太稠或黏度太大而不能搅拌，则可通过揉捏过程引入空气。

通过机械运动所引入的气泡很容易合并以降低系统自由能，加入适量引气剂可有效避免这种现象的发生。其原理是引气剂分子定向吸附于空气-水的界面，形成一层坚韧的带电薄膜，降低了表面张力并在气泡间产生静电斥力，可有效避免气泡的合并。对比而言，加气剂如铝粉、铁粉等产生的气泡则不具备类似能力。

使用引气剂或加气剂的情况下，混合料中含气量可达基体体积的20%以上，且气孔呈球状，尺寸细小(100～1 000 μm)，形状规则，结构稳定。需要注意的是，掺入适当引气剂的混凝土混合料，拌合水越多，坍落度越大，则含气量越高；相反的是，不掺引气剂的混凝土混合料其含气量随单位加水量的增大而降低，原因可能是气泡更易于上浮。这些气泡拉大了固体颗粒之间的距离，同时还可增加浆体的黏度和屈服应力，提高水泥浆体的内聚力，因此可明显提高混凝土的流动性、减少离析泌水等。

尽管含气量提高有利于改善混凝土混合料的工作性，但使用引气剂的根本目的通常还是解决混凝土的抗冻性问题：由于引气剂可以在混凝土中引入大量细小气泡并使其均匀分布，形成一种蜂窝状结构，其中气泡之间硬化水泥浆体的厚度仅为数十微米，在含气量相同的情况下，这一孔壁厚度随气泡直径的减小而减小。从改善混凝土抗冻性的目的来说，气孔存在方式以独立的、分布均匀的、孔径小于1 mm的球形气孔为佳。这些气孔的存在可有效平衡水分结冰时产生的膨胀压力，降低水分迁移时产生的渗透压，使得混凝土在冻融循环过程中不易造成结构破坏和强度损失，显著改善混凝土的抗冻性；同时气孔的存在也截断了水分出入的通道，间接提高了混凝土的均匀性，可起到降低吸水性和渗透性的作用。

需要注意的是,气泡的存在会导致混凝土孔隙率增大,强度随之降低。一般来说,混凝土的含气量每提高1%,抗压强度的下降幅度可达5%左右。抗冻混凝土的含气量一般控制在3%~5%,气泡含量过高反而可能对抗冻性不利,因此应予避免;强烈的高频振捣可起到减少气泡的作用,必要时可使用磷酸三丁酯、有机硅等作为消泡剂。

2.4 凝结时间

水泥的凝结时间分为初凝时间和终凝时间。自水泥加水拌合开始,到水泥浆开始失去可塑性为止所需的时间,称为初凝时间;自水泥加水拌合开始,至水泥浆完全失去可塑性并开始产生强度所需的时间,称为终凝时间。

水泥水化是混凝土混合料发生凝结硬化的本质原因。从水泥遇水开始到浆体开始凝结,是水泥的塑性阶段,分为“诱导前期”和“诱导期”。在此阶段,主要发生铝酸三钙的快速水化反应,在石膏缓凝剂存在的情况下,生成三硫型水化硫铝酸钙即钙矾石(AFt),可以包裹在水泥颗粒表面,延缓水泥的水化速度;由于水泥水化产物较少,不能形成网状的凝聚结构,因此水泥浆和混凝土处于可以流动的状态。随着水化反应的不断进行,水化产物逐渐增多、彼此间互相交叉连接,使水泥浆体和混凝土混合料失去流动性,诱导期结束,凝结硬化开始。正常情况下,水泥水化的塑性阶段可持续45~120 min,具体取决于水泥的水化特性;如环境温度偏低或使用缓凝剂时,诱导期可延缓至数小时甚至更长。诱导期结束、凝结过程开始的重要标志,是硅酸三钙充分水化、生成大量的水化硅酸钙凝胶并彼此交叉连生,再加上拌合水因水化、蒸发等原因逐渐消耗,水泥浆开始凝结,导致混凝土混合料失去流动性。

水泥的凝结时间在混凝土施工中具有重要意义。初凝时间不宜过早,才能有足够的时间令混凝土完成搅拌、运输、浇注、振捣密实等施工操作;终凝时间不宜过迟,这样混凝土可以尽快硬化,产生足够强度,以便后续施工工序的进行,提高模板周转率和劳动生产率。我国国家标准《通用硅酸盐水泥》(GB 175)规定,硅酸盐水泥的初凝时间不得早于45 min,终凝时间不得迟于6.5 h,普通硅酸盐水泥的终凝时间不得迟于10 h。实际使用的通用水泥其初凝时间一般在1~3 h,终凝时间则在5~8 h。初凝时间不符合规定的水泥应作为废品，而终凝时间不符合规定的则为不合格品。

混凝土产生凝结的根本原因是水泥的水化反应，但水泥的凝结时间与相应配制出的混凝土混合料的凝结时间并不一定完全一致。造成这种现象的主要原因是水泥水化硬化的环境不同，特别是用水量不一样。水泥的初凝、终凝时间是按标准稠度用水量配制水泥净浆并使其在湿气养护条件下进行水化反应的试验结果，但该水泥用于配制混凝土混合料时所使用的水灰比则可能有所不同，在相应空间内填充并形成凝聚结构所需的水化产物数量也随之发生变化，因此所表现出的凝结硬化时间也发生改变。

预拌混凝土考虑长距离运输以及现场等待的需要，混合料的凝结时间通常需要适当延长，因此混凝土配合比中必须引入具有缓凝功能的外加剂，但注意缓凝剂的用量必须合理控制，否则可能引起混合料过度缓凝甚至不凝，引起施工质量问题和经济损失。

第3章　混合料性能评定

为考察、评价混凝土混合料在一定施工条件下形成均匀密实结构体的能力，目前较普遍地使用工作性来描述混凝土混合料的相关性能。混凝土混合料工作性是一项复杂的综合技术性质，到目前为止尚无法用单一指标全面地反映混凝土混合料的工作性，通常是以定量测定混合料的流动性（稠度）为主，再辅以其他直观观察或经验判断综合评定混凝土的黏聚性和保水性。针对混合料的离析和泌水现象，则可采用粗集料冲洗试验以及泌水率试验进行评定。

3.1　取样及试样制备

3.1.1　一般规定

1. 取样方法

（1）混凝土混合料试验用料应根据不同要求，从同一盘或同一车运送的混凝土中取出，或在实验室用人工或机械单独拌制。取样方法和原则按国家标准《混凝土结构工程施工质量验收标准》（GB 50204）及《混凝土强度检验评定标准》（GB/T 50107）有关规定进行。

（2）在实验室拌制混凝土进行试验时，拌合用的集料应提前运入室内，拌合时实验室的温度应保持在（20±5）℃。

（3）材料用量以质量计，称量的精确度：集料为±1%；水、水泥和外加剂均为±0.5%。试配时混凝土的最小搅拌量为：集料最大粒径小于31.5 mm时，拌制容积为15 L；最大粒径为40 mm时，拌制容积为25 L。搅拌量不应小于搅拌机额定搅拌量的1/4。

2. 主要仪器设备

（1）搅拌机：容量75～100 L，转速18～22 r/min。

(2)磅秤:称量 50 kg,感量 50 g。

(3)天平:称量 5 kg,感量 1 g。

(4)量筒:200 mL、100 mL 各一只。

(5)平板:材质不吸水,1.5 m×2.0 m 左右;拌铲、盛器、抹布等。

3. 拌合方法

(1)人工拌合。

①按所定配合比备料,以全干状态为准。

②将不吸水平板和拌铲用湿布润湿后,将砂倒在平板上,然后加入水泥,用铲自平板一端翻拌至另一端,然后再翻拌回来,如此重复直至颜色混合均匀,再加入石子翻拌至混合均匀为止。

③将干混合料堆成堆,在中间做一凹槽,将已量好的水倒入一半左右在凹槽中(水不要流出),然后仔细翻拌,并徐徐加入剩余的水继续翻拌。每翻拌一次,用铲在混合料上铲切一次,直至拌合均匀为止。

④拌合时力求动作敏捷,拌合时间从加水时算起,应大致符合以下规定:混合料体积在 30 L 以下时为 4~5 min,体积在 31~50 L 时为 5~9 min,体积为 51~75 L 时为 9~12 min。

⑤拌好后,根据试验要求,即可做混合料的各项性能试验或成型试件。从加水开始至全部操作完成必须在 30 min 内完成。

(2)机械搅拌。

①按所定配合比配料,以全干状态为准。

②预拌一次,即用相同配合比的水泥、砂和水所组成的砂浆及少量石子,在搅拌机中涮膛,然后倒出多余的砂浆,目的是使水泥砂浆先粘附搅拌机的筒壁,以免正式拌合时影响混凝土的配合比。

③开动搅拌机,将石子、砂和水泥依次加入搅拌机内干拌均匀,再将水徐徐加入。全部加料时间不得超过 2 min。水全部加入后,继续拌合 2 min。

④将混合料从搅拌机中卸出,倒在不吸水平板上,再经人工搅拌 1~2 min,即可做混合料的各项性能试验或成型试件。从加水开始至全部操作完成必须在 30 min 内完成。

3.1.2 混凝土性能的统计分布特征

混凝土是一种宏观均质材料,但在实际的结构-性能测试中,取样的代表性、样品结构的复杂性导致所测出的结构特征与性能指标存在很大的波动性。另一方面,混凝土的原料来源广泛,质量波动大,也成为混凝土性能波动的重要原因之一。即使在配合比没有任何明显变化的情况下,性能指标的波动也会发生在不同批次之间甚至同一批次之内,其结果是混凝土结构体内部可能出现性能的离散分布。

混凝土性能的离散性首先来自于混凝土的堆聚结构特征,不同大小的粗细集料颗粒通过水泥浆体结合成一体,即使完全分散的混凝土混合料中,颗粒的大小、形状及排列结构也具有一定的随机性,同时还需考虑水泥浆体与集料之间的界面结合等因素。因此,混凝土的结构即使在肉眼可见的层次内,也呈现出明显的不均匀性,进而影响了混凝土性能的均匀程度。

混凝土性能的离散性还取决于诸多的外界因素,例如原料的质量波动与计量精度、气泡大小与分布状态、集料的形状与坚固性差异等。此外,混凝土制备的过程控制和分割取样也会引入随机误差,检测过程中也会出现读数误差等。

在理想条件下,从均匀密实的混凝土样品以标准试验方法测试所得到的结果将只受到测试方法的影响,因此可以反映同一批次混凝土组成内部的变异和波动情况。即使考虑取样和试验过程中引入的系统误差和随机误差,一种特定混凝土的性能的测定值也通常是在平均值的上下波动,即呈现普遍的统计分布特征。混凝土性能的统计分布规律可以应用数学中的正态分布函数(高斯公式)加以评估,其中最为重要的参数包括标准偏差、方差、变异系数等已经在混凝土工艺学中得到普遍应用,不仅可以用于混凝土配合比设计过程中确定合理、经济的设计强度等级,还可用于对混凝土的性能测试指标进行可靠性检验、复核等。

混凝土性能的统计分布特征会显著影响混凝土的技术经济性能,典型的如必须加大混凝土设计强度等级以满足最低限度的混凝土质量要求,或者缩短混凝土构筑物的服役寿命,或者增大维修费用,等等。系统、严格的质量管理体系是将混凝土质量波动控制在合理范围内的最有效也是唯一的方法。

3.2 流动性的评定

流动性的测定方法多达十余种,根据试验方法的原理可大致分为两类:一类是以一定的力作用于混凝土混合料,使其发生变形,测定其流动性能,适用于流动性混合料;另一类则是测试混合料达到一定密实程度所需的功,以时间或者以密实度表示,主要适用于干硬性混凝土混合料。我国国家标准《混凝土质量控制标准》(GB/T 50164)规定,混凝土混合料的稠度可采用坍落度、维勃稠度或坍落扩展度表示,具体则根据混合料流动性的大小,分别采用适当的流动性评定方法。

3.2.1 坍落度与坍落扩展度法

国家标准《普通混凝土混合料性能试验方法》(GB/T 50080)规定,对于集料最大粒径不大于 40 mm、坍落度不小于 10 mm 的混凝土混合料,适合采用坍落度法定量测定流动性。坍落度值越大,混合料的流动性越好,同时目测观察混合料的黏聚性和保水性。三者结合起来综合评价塑性混凝土的工作性。操作简便快捷,实用性强,适用于实验室检测和现场施工质量控制。

坍落度法测试所需主要仪器设备包括:①标准坍落度筒,截头圆锥形,由薄钢板或其他金属板制成,外形呈截头圆锥形,具体尺寸如图 3.1(a)所示;②捣棒,端部应磨圆,直径 16 mm,长度 650 mm;③平板,刚性不吸水平板,尺寸不宜小于 1.5 m ×2.0 m;④装料漏斗;⑤小铁铲;⑥钢直尺;⑦抹刀等。

将按要求取得的混凝土试样分三层均匀地装入预先湿润好的坍落度筒内,每层插捣 25 次(图 3.1(b))。插捣应沿螺旋方向由外侧向中心均匀进行,插捣底层时捣棒应贯穿整个深度,插捣第二层及顶层时,捣棒应插透本层及下一层的表面。装满抹平后清除筒边底板上的混凝土,垂直平稳地提起坍落度筒(图 3.1(c)),应在 5 ~ 10 s 内完成;开始装料至提起坍落度筒的整个过程应不间断进行并在 150 s 内完成。混凝土混合料在自重作用下产生坍落现象,测量筒高与坍落后混合料试体最高点之间的高度差(图 3.1(d)),即为该混凝土混合料的坍落度值,精确至 1 mm,结果表达修约至 5 mm。

如混凝土发生崩塌或一边剪坏(图 3.1(e)、(f)),应重新取样进行试验。如第二次试验仍出现同样现象,则表示该混凝土的工作性不好,应予以记录备查。

当混凝土混合料的坍落度大于 220 mm 时,用钢尺测量混凝土扩展后最终的最大直径和最小直径,两者之差如小于 50 mm,则用其算术平均值作为坍落扩展度值;否则此次试验无效。如发现粗集料在中央集堆或边缘有水泥浆析出,则表示此混凝土混合料抗离析性不好,应予记录。坍落扩展度也以单位 mm 表示,精确至 1 mm,结果表达修约至 5 mm。此方法适用于泵送高强混凝土和自密实混凝土。

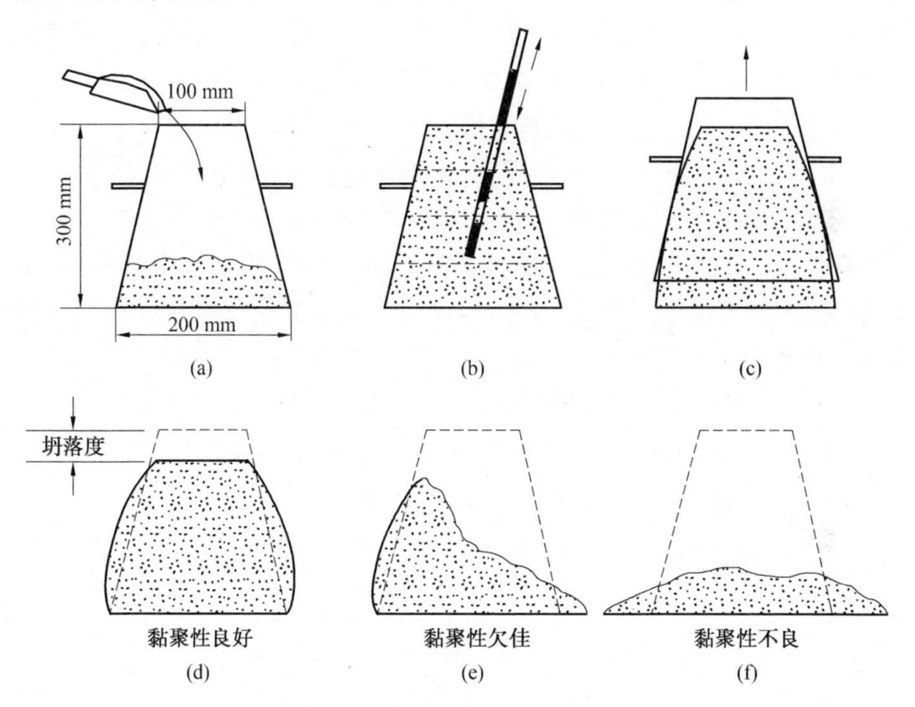

图 3.1 混凝土混合料工作性测定

从流变学原理而言,坍落度越小,表明混凝土混合料的塑性强度 P_m 越大,在较小的应力作用下越不易变形;而坍落度值较大的混凝土混合料不能支持自重,为了分散重量所产生的应力,则发生坍落、流动。从混合料试锥顶部端面开始,深度越大,剪应力也越高。变形仅在 $\tau=\tau_0$ 的位置以下才可发生,且随深度的增大而增加,同时由于底面摩擦力的影响,致使试锥呈现图 3.1(d)所示的形状。随锥体坍落、高度降低,锥体中 τ 的最大值即底部的剪应力减小,变形速度随之降低;当剪应力值等于 τ_0 时,坍落停止。理论上,混凝土混合料的坍落度仅仅取决于混合料的密度和极限剪应力的大小,黏度系数则与变形速度有关,对坍落度的影响较小。具体分析时还应考虑流动惯性及内摩擦力的影响,流动惯性的存在导致坍落度增大,内摩擦力大则具有降低混合料流动变形幅度和速度的趋势。

坍落度试验中还可根据所观察到的混凝土状态，评定保水性和黏聚性是否良好。

黏聚性评定方法：观察坍落度测试后混凝土所保持的形状，或用捣棒侧面敲打已坍落的混合料锥体侧面，如锥体逐渐下沉，则表示黏聚性良好。若锥体倒塌、部分崩裂或出现离析现象，则表示黏聚性不良。

保水性评定方法：坍落度筒提起后如有较多的稀水泥浆从底部析出，锥体部分的混凝土也因失浆而集料外露，则表示保水性不佳；如无稀水泥浆或仅有少量稀水泥浆自底部析出，则表示此混凝土混合料的保水性良好。

根据国家标准《混凝土质量控制标准》(GB 50164)规定，依据坍落度的不同，可将混凝土混合料分为五级，见表3.1；依据坍落扩展度的不同，可将混凝土混合料分为六级，见表3.2。

表3.1　混凝土混合料的坍落度等级划分

级别	名　称	坍落度/mm	级别	名　称	坍落度/mm
S1	低塑性混凝土	10～40	S4	大流动性混凝土	160～210
S2	塑性混凝土	50～90	S5	自密实混凝土	≥ 220
S3	流动性混凝土	100～150			

注：在分级判定时，坍落度检验结果值取舍到邻近的10 mm

表3.2　混凝土混合料的坍落扩展度等级划分

级别	坍落扩展度/mm	级别	坍落扩展度/mm
F1	≤340	F4	490～550
F2	350～410	F5	560～620
F3	420～480	F6	≥ 630

实际施工过程中，应根据具体施工条件和使用环境确定混凝土混合料的流动性。坍落度推荐值见表3.3，同时应考虑以下诸因素的影响：

(1)构件截面尺寸：截面尺寸大，则易于振捣成型，坍落度可适当选小些；反之亦然。

(2)钢筋疏密：钢筋较密或结构复杂，则坍落度选大些；反之亦然。

(3)捣实方式:人工捣实,则坍落度选大些;机械振捣则可选小些。

(4)运输距离:从搅拌机出口至浇捣现场运输距离较长,则应考虑途中坍落度损失,坍落度应适当选大些。

(5)气候条件:气温高、空气湿度小时,因水泥水化速度加快及水分挥发加速,坍落度损失大,则坍落度宜选大些;反之亦然。

泵送高强混凝土的坍落扩展度不宜小于500 mm,自密实混凝土的坍落扩展度不宜小于600 mm。但是,在不妨碍施工操作并能保证振捣密实的条件下,应尽可能采用较小的坍落度,以节约水泥并获得质量高的混凝土;泵送混凝土混合料的坍落度设计值也不宜大于180 mm。

表3.3 混凝土浇注时的坍落度

构件种类	坍落度/mm
基础或地面等的垫层、无配筋的大体积结构(挡土墙、基础等)或配筋稀疏的结构	10 ~ 30
板、梁和大型及中型截面的柱子等	30 ~ 50
配筋密列的结构(薄壁、斗仓、筒仓、细柱等)	50 ~ 70
配筋特密的结构	70 ~ 90

3.2.2 维勃稠度法

对坍落度值小于10 mm的干硬性混凝土,坍落度测试已不能准确反映其流动性大小。例如,当两种混凝土坍落度均为零时,但在振捣器作用下的流动性可能完全不同,故一般采用维勃稠度法测定。

根据国家标准《普通混凝土混合料性能试验方法》(GB/T 50080)规定,维勃稠度法适用于集料最大粒径不大于40 mm、维勃稠度在5 ~30 s的混凝土混合料的稠度测定。

维勃稠度法测试所需主要仪器设备包括:①维勃稠度仪,如图3.2所示;②捣棒,端部应磨圆,直径16 mm、长度650 mm的钢棒;③秒表,精确至0.1 s。

维勃稠度仪应放置于坚实水平面上,用湿布将容器、坍落度筒、喂料斗内壁及其他用具润湿。按要求将取样或制作的混凝土试样分三层经喂料斗均匀地装入坍落度筒内,装料及插捣方法与坍落度法测试相同。转离喂料斗,小心

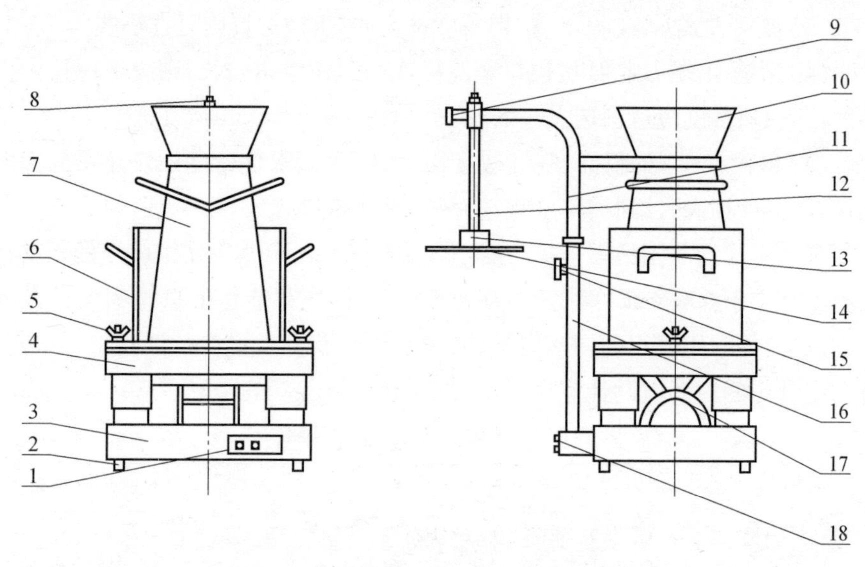

图 3.2　维勃稠度测试仪结构示意图

1—控制器;2—机脚;3—底座;4—上座;5—蝶形螺母;6—容器;7—坍落度筒;8—螺钉;9—定位螺钉;10—喂料口;11—旋转架;12—测杆;13—配重螺母;14—透明圆盘;15—固定螺钉;16—立柱;17—电机;18—六角螺栓

并垂直地提起坍落度筒;在混合料试体顶面放一透明圆盘,开启振动台、施加一振动外力,测试混凝土混合料在外力作用下完全布满透明圆盘底面所需时间(单位:s)代表混凝土稠度。时间越短,流动性越好;时间越长,流动性越差。根据维勃稠度值的大小,可将干硬性混凝土混合料分为 5 级,见表 3.4。

表 3.4　干硬性混凝土混合料按维勃稠度的分级

级别	名　称	维勃稠度/s	级别	名　称	维勃稠度/s
V0	超干硬性混凝土	≥ 31	V3	半干硬性混凝土	10 ~ 6
V1	特干硬性混凝土	30 ~ 21	V4	准干硬性混凝土	5 ~ 3
V2	干硬性混凝土	20 ~ 11			

坍落度不大于 50 mm 或干硬性混凝土和维勃稠度大于 30 s 的特干硬性混凝土混合料的稠度也可采用增实因数法(跳桌增实法)来测定。

3.2.3　增实因数法

坍落度法和维勃稠度法评测混合料流动性的试验过程带有明显的人为因

素,特别是插捣手法等差异会带来一定的人为误差。以增实因数法为代表的一些测试手段则在一定程度上避免了人为误差的影响。

增实因数法评定混凝土的工作性最早是由英国 Glanville 等人在 1947 年提出的,尽管所采用的仪器设备和测试方法有所不同,但其实质都是对混凝土混合料做一定的功,用混凝土达到的密实程度不同来表示工作性的优劣。在一定的做功条件下,混凝土混合料的密实程度越高,表示工作性越好。该试验方法对于较低或中等工作性的混凝土有较高的灵敏度,因此被列入了英、美等国的有关标准(BS1881 和 ACI 标准)。

我国国家标准《普通混凝土混合料性能试验方法》(GB/T 50080)规定,增实因数法可用于集料最大粒径不大于 40 mm、增实因数大于 1.05 的混凝土混合料稠度测定,也可参考行业标准《混凝土混合料稠度试验》(GB/T 2181)中的相关规定。

试验用仪器设备包括:①跳桌,符合国家标准《水泥胶砂流动度试验方法》(GB 2419)中有关技术要求;②台秤,称量 20 kg,感量 50 g;③钢制圆筒(图 3.3),内径(150±0.2)mm,高度(300±0.2)mm,连同提手质量为(4.3±0.3)kg;④钢制盖板(图 3.3),直径(146±0.1)mm,厚度(6±0.1)mm,连同提手质量为(830±20)g;⑤量尺(图 3.4),刻度误差不大于 1%;⑥圆勺、量筒等。

当混凝土混合料配合比及原材料的表观密度已知时,混凝土混合料的质量计算方法为

$$Q = 0.003 \times \frac{W + C + F + S + G}{\dfrac{W}{\rho_w} + \dfrac{C}{\rho_c} + \dfrac{F}{\rho_f} + \dfrac{S}{\rho_s} + \dfrac{G}{\rho_g}} \tag{3.1}$$

式中 Q——绝对体积为 3 000 mL 时混凝土混合料的质量,kg;

W,C,F,S,G——水、水泥、掺合料、细集料和粗集料的质量,kg;

$\rho_w,\rho_c,\rho_f,\rho_s,\rho_g$——水、水泥、掺合料、细集料和粗集料的表观密度,$kg/m^3$。

当混合料的配合比、水灰比、砂石视密度及水泥密度未知时,用料质量按实测方法求算:在圆筒内装入 7.5 kg 混合料,不加振实,将圆筒置于水平台面上。用量筒沿筒壁徐徐向内注水,直至筒内水面升至与筒口齐平。注水时须轻轻击拍圆筒,将混合料中挟持的气泡驱出。记录注入圆筒内的水的体积,精确至 10 mL。混凝土混合料的质量应按下式计算,精确至 0.05 kg:

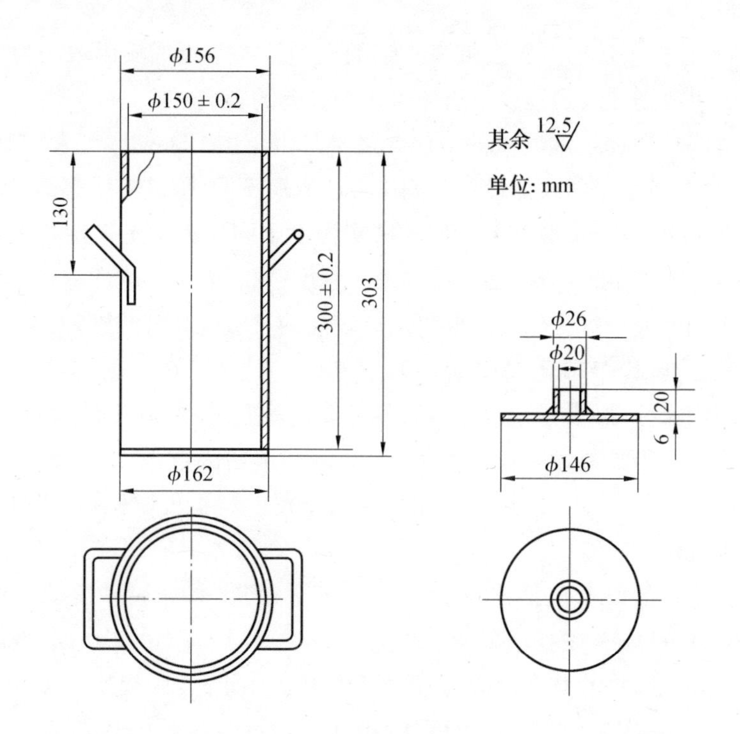

图 3.3　圆筒及盖板

$$Q = 3\ 000 \times \frac{7.5}{V - V_w} \times (1 + A) \tag{3.2}$$

式中　Q——绝对体积为 3 000 mL 时混凝土混合料的质量,kg;

V——圆筒的容积,mL;

V_w——注入圆筒中水的体积,mL;

A——混凝土含气量。

混凝土增实因数与增实后高度的测定采用如下方法:将圆筒放在台秤上,用圆勺铲取混合料,不加任何振动与扰动地装入圆筒,直至圆筒内装入所需用料量;用不吸水的小尺轻拨混合料表面,使其大致成为一个水平面,然后将盖板轻轻放在混合料上;将圆筒轻轻放在跳桌台面中央,使跳桌以每秒钟一次的速度连续跳动 15 次;将量尺的横尺置于筒口,使筒壁卡入横尺凹槽中,滑动有刻度的竖尺,使竖尺底尖插入盖板中心的小筒内,读取混凝土增实因数 JC,精确至 0.01。

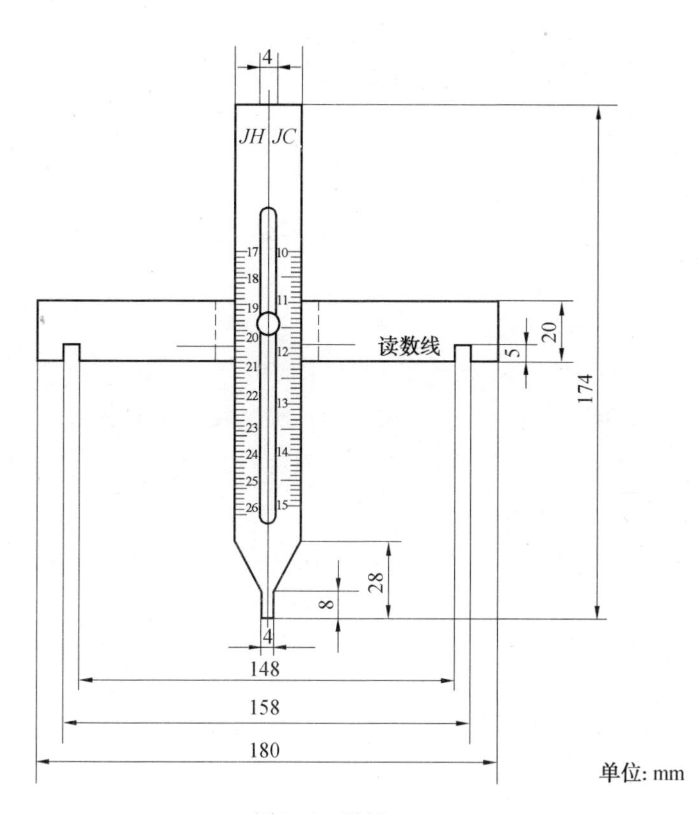

图 3.4 量尺

中华人民共和国行业标准《混凝土混合料稠度试验》(TB/T 2181)中规定,除增实因数外,还可测量筒内混合料增实后的高度 JH(读至 1 mm)。JC 与 JH 的关系为:$JH/JC=169.8$。

普通混凝土混合料按跳桌增实法测定的稠度可按表 3.5 划分等级。

表 3.5 跳桌增实法测定的混凝土混合料稠度等级

等级	名称	JC	JH/mm
K0	干硬混凝土	1.400 ~ 1.305	240 ~ 220
K1	干稠混凝土	1.300 ~ 1.185	219 ~ 200
K2	塑性混凝土	1.180 ~ 1.055	199 ~ 180
K3	流态混凝土	≤1.050	<180

3.2.4 自密实混凝土的流动性评定

根据中国工程建设标准化协会标准《自密实混凝土应用技术规程》(CECS 203:206)规定，自密实混凝土的自密实性能包括流动性、抗离析性和填充性，可分别采用坍落扩展度试验、V形漏斗试验、U形箱试验和全量检测法进行检测。

(1)坍落扩展度试验与T_{50}试验。

该方法由日本Kuroiwa等在1993年提出，由于操作简便，目前使用最为广泛，可用于大流动性混凝土特别是自密实混凝土和水下不分散混凝土的工作性评价。除坍落扩展度外，也可测试混合料水平扩展到直径50 cm所需的时间T_{50}，用以表示流动性的大小。

坍落扩展度试验与T_{50}试验所需仪器设备：①坍落度筒，平截圆锥状，形状与大小符合现行国家标准《混凝土混合料性能试验方法标准》(GB/T 50080)规定；②钢质平板，表面平滑，水密性和刚性良好，尺寸在0.8 m×0.8 m以上，厚度在3.0 mm以上，如需测定混凝土流至50 cm的时间，则在平板表面绘制直径50 cm的圆环；③游标卡尺或钢制卷尺，最小刻度≤1 mm；④秒表，精度不小于0.1 s；⑤水桶等。

预先润湿坍落度筒内表面及钢质平板表面，将坍落度筒置于水平放置的钢质平板上。将未离析的混凝土混合料不分层一次填满坍落度筒；自开始入料至填充结束应在2 min内完成，且不施以任何捣实或振动。刮刀刮平后，将坍落度筒沿铅直方向连续地向上提起30 cm的高度，提起时间宜控制在3 s左右。待混凝土停止流动后，测量展开圆形的最大直径，以及与最大直径呈垂直方向的直径。

测定扩展度达50 cm的时间T_{50}时，应自坍落度筒提起时开始，至扩展开的混凝土外缘初触平板上所绘直径50 cm的圆周为止，以秒表测定时间，精确至0.1 s。自坍落度筒提起时开始、至目视判定混凝土停止流动时止，以秒表测定流动停止时间，精确至0.1 s。测定混凝土的坍落度时，测量混凝土中央部位坍下的距离，即为坍落度，精确至1 mm，修约至5 mm。

混凝土的扩展度为混凝土混合料坍落扩展终止后扩展面相互垂直的两个直径的平均值，应精确至1 mm。如扩展开的混凝土偏离圆形，测得两直径之差在 50 mm 以上时,需从同一盘混凝土中另取试样重新试验。

自密实混凝土的流动性采用坍落扩展度表示时,其实测值要求为 650 ~ 800 mm;采用 T_{50}法,则实测值应为 2 ~5 s。黏度过大,即扩展度小于 650 mm 或 T_{50}> 5 s 时,则流经小间隙和充填模板会带来一定的困难;如黏度过小,扩展度大于 800 mm 或 T_{50}< 2 s,则容易发生离析。

(2)V 形漏斗试验方法。

根据中国工程建设标准化协会标准《自密实混凝土应用技术规程》(CECS 203:206)规定,自密实混凝土的黏稠性和抗离析性可采用 V 形漏斗试验或 T_{50}试验进行检测。

V 形漏斗试验所用试验工具包括:①V 形漏斗,形状和内部尺寸如图 3.5 所示,容量约 10 L, 其内表面平滑,以金属或塑料制成,出料口部位附设可快速开启且具有水密性的底盖;②支架,起支撑漏斗的作用,可调整水平;③秒表,精确至 0.1 s;④塑料桶,投料用,约 5 L 容量;⑤水桶,约 12 L 容量,接料用;⑥刮刀、湿布等。

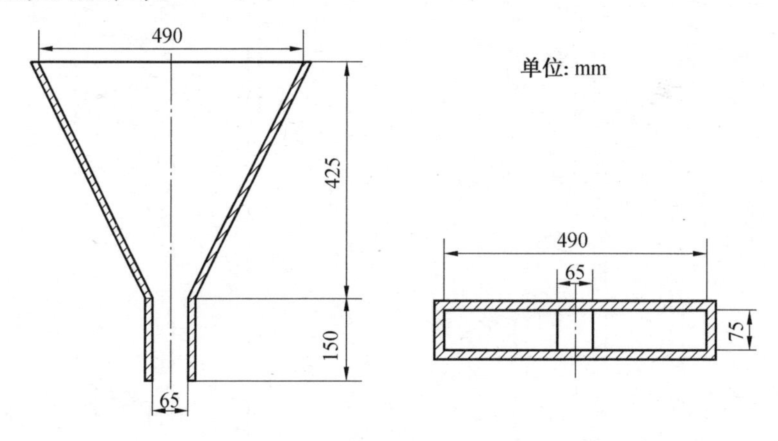

图 3.5　V 形漏斗的形状和内部尺寸

V 形漏斗经清水洗净后置于台架上,调整顶面水平、本体垂直状态,用湿布擦拭漏斗内表面。混凝土试样由漏斗上端平稳地填入漏斗内至满,用刮刀刮平。待静置 1 min 后,将漏斗出料口的底盖打开,用秒表测量自开盖到漏斗内混凝土全部流出的时间(T_0),精确至 0.1 s;宜在 5 min 内对试样进行 2 次以上的试验,以 2 ~3 次试验结果的平均值进行评价以减少取样误差。同时观察记录混凝土是否有堵塞等状况。合格的自密实混凝土其 V 形漏斗测试值应为 8 ~ 12 s。

(3)U 形箱试验。

本方法用于测量混凝土混合料通过钢筋间隙与自行填充至模板角落的能力,适用于各个等级的自密实混凝土自密实性能的测定。

试验装置采用 U 形箱容器,形状和尺寸如图 3.6 所示,由硬质不吸水材料如钢或有机玻璃制成,为观察混凝土的流动状态,U 形箱全部或部分使用透明材料;内表面光滑以减少混凝土与容器间的摩擦阻力。填充装置的中央部位放置隔栅型障碍,如图 3.7 所示。1 型隔栅由 5 根 ϕ10 光圆钢筋制成,2 型隔栅由 3 根 ϕ13 光圆钢筋制成,也可根据结构物的形状、尺寸及配筋情况等,结合自密实混凝土等级选择相应的障碍和检测标准,例如行业标准《高抛免振捣混凝土应用技术规范》(JGJ/T 296)规定垂直钢筋栅由直径 12 mm 的 3 根光圆钢筋组成,钢筋净间距为 40 mm。填充装置中央部位的沟槽用于插入

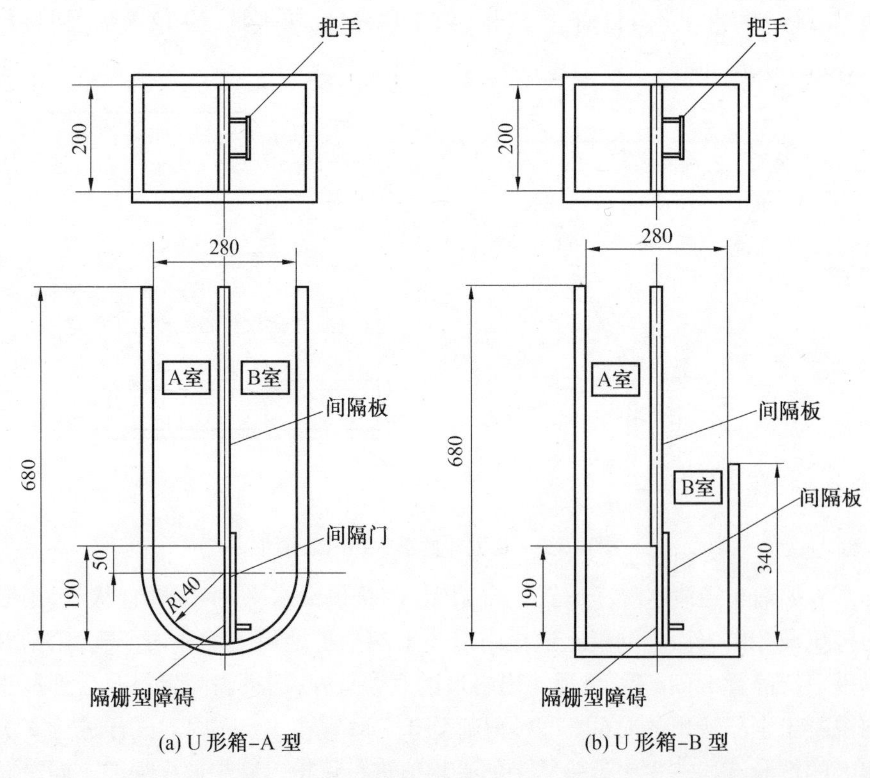

图 3.6　U 形箱容器的形状与尺寸(单位:mm)

间隔板和可开启的间隔门以分割 A 室和 B 室空间。此外,还应备有秒表(精确至0.1 s)、钢卷尺(精确至 1 mm)、投料用塑料桶、刮刀和湿布等。

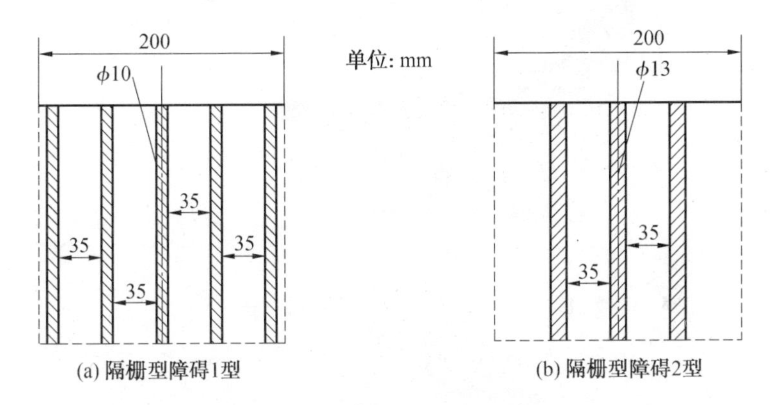

图 3.7 U 形箱隔栅型障碍形状与尺寸

垂直放置填充装置(顶面水平),插入间隔门和间隔板,并用湿布润湿。关闭间隔门,将混凝土混合料试样连续浇入 A 室至满,用刮刀刮平后静置 1 min。连续、迅速地将间隔门向上拉起,混凝土边通过隔栅型障碍边向 B 室流动,直至流动停止为止。B 室中,由填充混凝土的下端开始,用钢卷尺测量混凝土填充至其顶面的高度,精确至 1 mm,即为填充高度,以 B_h(mm)表示。测量时应沿容器宽度方向测量两端及中央等 3 个位置的填充高度差,取其平均值。合格的自密实混凝土其填充高度差应不大于 30 mm,JGJ/T 296 规定高抛免振捣混凝土混合料的填充高度差应不大于 40 mm。

(4)全量检测法。

本方法用于全程实时检测现场浇注过程中混凝土的自密实性能,适用于各个等级的自密实混凝土的性能测定。

进行全量检测的工具称为全量检测仪,其结构尺寸如图 3.8 所示。检测仪使用金属材料制作,可根据结构物的配筋情况对其外部尺寸和内部障碍通过协商进行调整。

检测时,应将全量检测仪置于自密实混凝土卸料口,使自密实混凝土首先通过全量检测仪,再进行浇注。

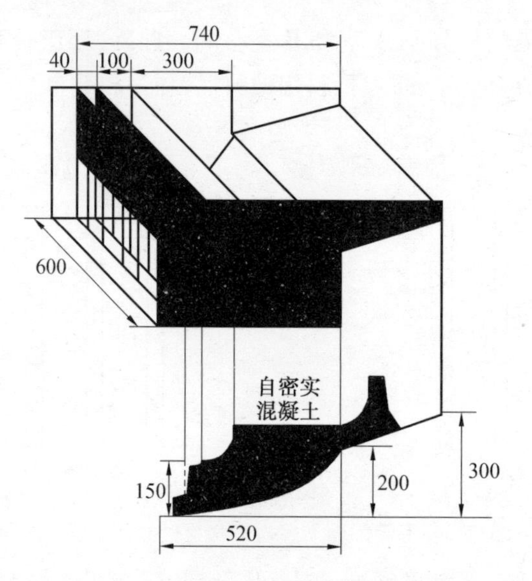

图 3.8　全量检测仪结构尺寸

3.2.5　其他的工作性测评方法

1. L–流动仪及测试指标试验

L–流动仪用于对高性能混凝土的工作性特别是流动性进行评价，最早出现于日本，经我国科研人员的进一步改进后，可综合反映混凝土混合料的变形能力和变形速度，以及在流动过程中成分能否保持均匀性。

改进的 L–流动仪试验装置如图 3.9 所示，左侧长方柱形箱，横截面积为 20 cm×10 cm，高度为 30 cm；右侧为一扁平长方体箱，中间用拉板隔开。从垂直部分的上口分两层装满试料，每层捣固 5 下。拔起隔板，混凝土试料在自重作用下自动下沉并从下部侧面开口向水平部分流动。分别在距开口处5 cm和10 cm等处设置红外线或超声波传感器，量测试料的流过时间，计算试料的流动速度，说明混凝土的黏度；流动停止后，量测垂直部分的下塌高度(cm)和从开口处向水平部分的最大流动距离，即 L–坍落度和 L–水平扩展值，说明混凝土的剪应力和黏度，用于反映混凝土混合料的最终变形能力。此外，还可根据水平方向不同部位的混合料中粗集料的含量，反映混合料流动后的成分均匀性。

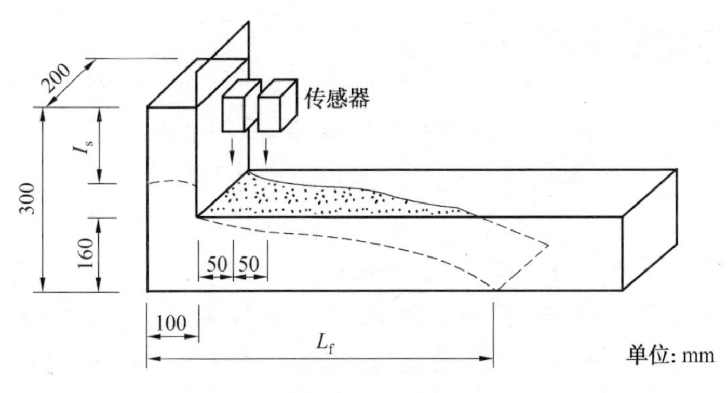

图 3.9　L-流动仪试验装置

2. Orimet 试验

Orimet 试验装置又称小口流变仪(Free Orifice Test),可用于现场快速测试大流动度混凝土的工作性。试验装置如图 3.10 所示。试验前,应根据试料特点选择合适的出料小口,关闭活门。在浇筑管内装入 7.5 L(约 20 kg)混凝土混合料,不加任何振捣。打开活门,记录混凝土完全流下所需的时间。试验应重复 2~3 次,结果取其平均值。该方法的最大问题是不能准确判定开始和停止时间所引起的操作误差。

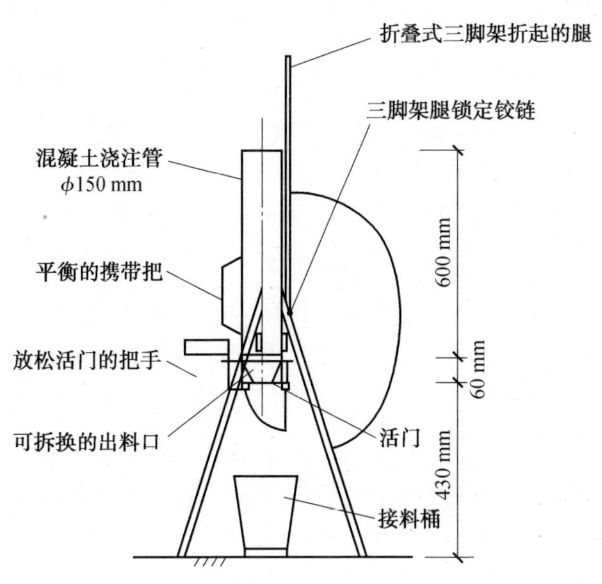

图 3.10　Orimet 试验装置

3. K–坍落度测试方法

美国专利 US patent 3,863,494 提供了一种可直接插入大体积混凝土混合料中快速检测坍落度的小型测试仪,如图 3.11 所示。该测试仪为一个表面开有孔、槽的空筒,筒的顶端插入混凝土中,筒中部的平板表示合适的插入深度。一个带有刻度的圆形滑杆可在另一端自由移动。测试时将滑杆拉至筒顶部,把筒插入混凝土中。60 s 后,降低滑杆至筒内砂浆的顶部停下,记录滑杆上的刻度数,即为筒内砂浆的高度,称为 K–坍落度。再次拉动滑杆到筒顶部,将筒移出混凝土,待砂浆部分流出筒外后,测量剩余砂浆的高度,称为工作度 *W*。K–坍落度与混凝土坍落度呈直线关系,而 K–坍落度值与 *W* 的差值则表示混合料对离析的敏感度。

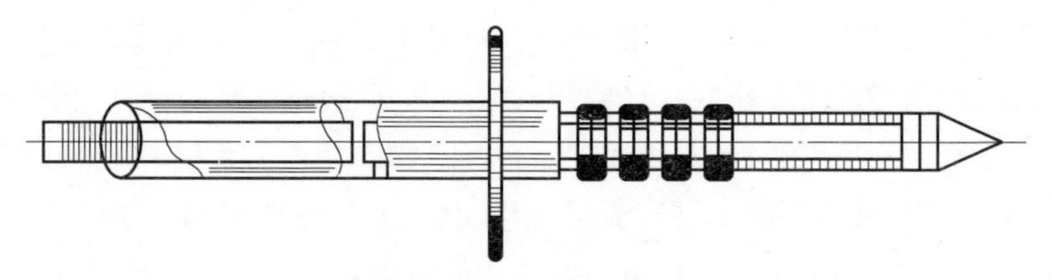

图 3.11 K–坍落度测试仪

4. J–环试验

J–环试验装置如图 3.12 所示,测试过程可以与坍落扩展度、Orimet 试验、V 形漏斗试验一起进行,主要用于评价混凝土的填充能力和通过能力。J–环截面呈矩形(38 mm ×25 mm),直径 300 mm;环面安装竖直钢筋,长度100 mm,间距一般为集料最大粒径的 3 倍或增强纤维长度的 1 ~ 3 倍。建工行业标准《自密实混凝土应用技术规程》(JGJ/T 283)中规定,为评定自密实混凝土混合料的间隙通过能力,钢筋直径采用 16±3. 3 mm,钢筋中心间距为 58. 9±1.5 mm。J 环扩展度是指按标准方法试验,当混合料停止流动后,扩展面的最大直径和与最大直径呈垂直方向的直径的平均值,测量应精确至 1 mm,结果修约至5 mm;混合料坍落扩展度与 J–环扩展度的差值表示混合料的间隙通过性,对于 PA1 等级自密实混凝土应在 25 ~ 50 mm 范围,PA2 级自密实混凝土在 0 ~ 25 mm 之间。试验中应目视检查 J–环圆钢附近是否有集料堵塞,如粗集料在 J 环圆钢附近堵塞时,可判定混合料的间隙通过性不合格。

J–环试验与坍落扩展度同时试验时,提起置于 J–环中央的坍落度筒,混凝土下沉并水平流过J-环钢筋的间隙。与 Orimet 试验、V 形漏斗试验同时进行,则把相应试验装置至于J-环中央或正前方,量测混凝土通过钢筋间隙后的最大水平流动直径(距离),从四个方向测量钢筋内外混凝土的高度差,差值越小,表明混凝土的通过能力越强。有、无J-环时扩展度的差值也可以作为填充能力的一个指标。

图 3.12 J-环试验装置

3.3 离析泌水的评定

流动性大小对于商品混凝土的施工十分重要,但并非考量混凝土工作性好坏的唯一指标,质量好的混合料必须具有良好的黏聚性和保水性。除了在流动性测试中依靠主观经验对黏聚性和保水性进行定性评价外,下面几种离析泌水的定量检测方法可用作评价黏聚性和保水性的参考指标。

3.3.1 离析的评定

混凝土混合料离析程度的评定目前还没有一个较为成熟、能为各方所普遍接受的方法。以下所介绍几种离析评定方法都能在一定程度上体现混凝土混合料的抗离析性能,只是所适用的混合料类型有所不同。

1. 离析率筛析试验方法

行业标准《自密实混凝土应用技术规程》(JGJ/T 283)中规定,当混合料抗离析性试验结果有争议时,以离析率筛洗法试验结果为准。该方法所使用的盛料器由钢或不锈钢制成,内径 208 mm,上节高 60 mm,下节带底净高 234 mm,上、下层连接处加宽 3 ~5 mm,并设有橡胶垫圈。测试时取 10 L 左右的混凝土混合料置于盛料器中，静置 15 min；移出盛料器上节的混合料倒入 5 mm方孔筛中，称重后静置 120 s，称量自筛孔流出的浆体质量。计算流过公称直径 5 mm 方孔筛的浆体质量与混凝土质量之比，以百分数计，称为离析率（*SR*）。JGJ/T 283 规定，自密实混凝土的抗离析性能，以离析率计，SR1 级不得高于 20%，SR2 级不得高于 15%。

2. 粗集料震动离析跳桌试验

行业标准《自密实混凝土应用技术规程》（JGJ/T 283）及《高抛免振捣混凝土应用技术规范》（JGJ/T 296）规定，粗集料震动离析跳桌试验法也可用于检验大流动性混凝土混合料的抗离析性，所使用检测筒由硬质、光滑、平整的金属板制成，内径 115 mm，外径 125 mm，分为 3 节，每节高度均为 100 mm。试验时，将混凝土混合料用料斗装入筒中，直至与料斗口相平，垂直移走料斗，静置 1 min，用刮刀除去多余物料并抹平，不允许压抹。将圆筒置于跳桌上，以 1 次/秒的速度使跳桌跳动25 次后，分节拆除圆筒并将每节筒中的混合料分开，然后采用 5 mm 圆孔筛筛分并用清水冲洗，筛除水泥浆和细集料。剩余粗集料除去表面水分，称量、对比各段混合料中粗集料的湿重，采用下式评定混凝土混合料的稳定性：

$$F_1 = \frac{m_{下} - m_{上}}{m_{中}} \times 100\% \tag{3.3}$$

$$F_2 = \frac{m_{中}}{\bar{m}} \times 100\% \tag{3.4}$$

式中　F_1——混合料稳定性评价指标；

F_2——试验的可靠性指标，应接近于 100% ±2%；

$\bar{m}$——各段混合料中湿集料质量的平均值；

$m_{上}$——上段混合料中湿集料的质量；

$m_{中}$——中段混合料中湿集料的质量；

$m_{下}$——下段混合料中湿集料的质量。

3. 其他试验方法

（1）落差试验方法。

1961 年 Hughes 提出了一种测量混凝土抗离析性能的落差试验方法，具体是将一定量的混凝土混合料自一定高处的漏斗中自由下落，落下的物料碰到一标准圆锥体后被分散开；以圆锥体底面中心为圆心，以直径 380 mm 圆周为界限,分别收集内圈和外圈范围内的混合料,测试各自区域的粗集料含量。圆周内外混合料中粗集料含量的差别越小,说明该混合料的均匀性越好,抗离析能力越强。

(2)粗集料冲洗试验。

粗集料冲洗试验方法可以在坍落流动度测试中进行,具体是在流动度试验终了时,在混合料上放置一套环形模板,如图 3.13 所示。在中心部分和外周部分各取混凝土 1.5 ~3.0 kg,称重后用 5 mm 筛筛洗,再称量残留的粗集料的质量,并分别计算中心部分集料比与外周部分集料比,用于评价混凝土抗离析性能。

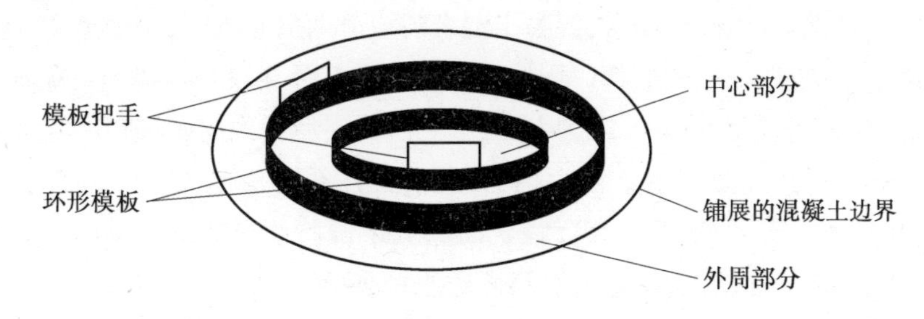

图 3.13　粗集料冲洗试验装置

3.3.2　泌水的评定

混凝土混合料的泌水情况可以采用下面三个指标加以定量表征:

(1)泌水量:即单位体积或面积的混凝土、砂浆或水泥浆泌水的体积,通常以cm^3水/cm^3物料或cm^3水/mm^2表示;或者采用凝结不抑制泌水过程的条件下,每单位原始高度的总沉降量。

(2)泌水速率:即混凝土、砂浆或水泥浆因泌水而释放水的速率,通常以每 cm^2表面在每秒钟内所释放水的容积数表示,以单位 cm^3计;或者以混合料表面上某一点的下沉速率,通常以每秒下沉的厘米数表示。

(3)泌水持续时间:即容器充以新拌物料起、至泌水速率忽略不计时止所经历的时间。

国家标准《普通混凝土混合料性能试验方法》(GB/T 50080)中规定了集料最大粒径不大于 40 mm 的混凝土混合料泌水测定和压力泌水测定方法。

1. 泌水试验

泌水试验所用仪器设备包括：①容量筒，金属制成的圆筒，两旁装有提手并配有盖子，内径与内高均为186±2 mm，筒壁厚3 mm；②台秤，称量为50 kg，感量为50 g；③量筒，容量为10 mL、50 mL、100 mL的量筒及吸管；④振动台，应符合《混凝土试验室用振动台》(JG/T 245)中技术要求的规定；⑤捣棒等。

用湿布润湿试样筒内壁后立即称重，再将混凝土试样装入容量筒，混凝土的装料及捣实方法有两种：

(1)方法A：用振动台振实，将试样一次装入容量筒内，开启振动台，振动应持续到表面出浆为止，且应避免过振。

(2)方法B：用捣棒捣实，混凝土混合料应分两层装入，每层插捣25次；捣棒由边缘向中心均匀地插捣，插捣底层时捣棒应贯穿整个深度，插捣第二层时，捣棒应插透本层及下一层的表面；每一层捣完后用橡皮锤轻轻沿容量筒外壁敲打5～10次，直至混合料表面插捣孔消失且不见大气泡为止。

装料并捣实后，混凝土混合料表面应低于试验筒口30±3 mm，用抹刀抹平，立即计时并称量，记录容量筒与试样的总质量。

在表面泌水测试过程中，容量筒应保持水平、不受振动；除吸水操作外，应始终盖好盖子；室温应保持在20±2 ℃。

从计时开始后60 min内，每隔10 min吸取一次试样表面渗出的水；60 min后，每隔30 min吸一次水，直至不再泌水为止。吸出的水放入量筒中，记录每次吸水的水量和总水量，精确至1 mL。泌水量的计算公式为

$$B_a = \frac{V}{A} \tag{3.5}$$

式中 B_a—— 泌水量，mL/mm^2，精确至0.01 mL/mm^2；

V—— 累计的总泌水量，mL；

A—— 试样外露的表面面积，mm^2。

泌水率的计算公式为

$$B = \frac{V_w}{(W/G)G_w} \times 100 \tag{3.6}$$

$$G_w = G_1 - G_0 \tag{3.7}$$

式中 B—— 泌水率，%；

V_w—— 泌水总量，mL；

G_w—— 试样质量,g;

W—— 混凝土混合料总用水量,mL;

G—— 混凝土混合料总质量,g;

G_1—— 试样筒及试样总质量,g;

G_0—— 试样筒质量,g。

泌水率取三个试样测值的平均值,精确至1%。如三个测值中的最大值或最小值中有一个与中间值之差超过中间值的15%,则以中间值为试验结果;如果最大值和最小值与中间值之差均超过中间值的15%,则此次试验无效。

2. 压力泌水试验

压力泌水试验所用仪器设备为压力泌水仪,主要部件包括压力表、缸体、工作活塞、筛网等(图3.14)。压力表最大量程6 MPa,最小分度值不大于0.1 MPa;缸体内径125 ±0.02 mm,内高200 ±0.2 mm;工作活塞压强为3.2 MPa,公称直径125 mm;筛网孔径为0.315 mm。其他仪器包括捣棒和200 mL量筒。

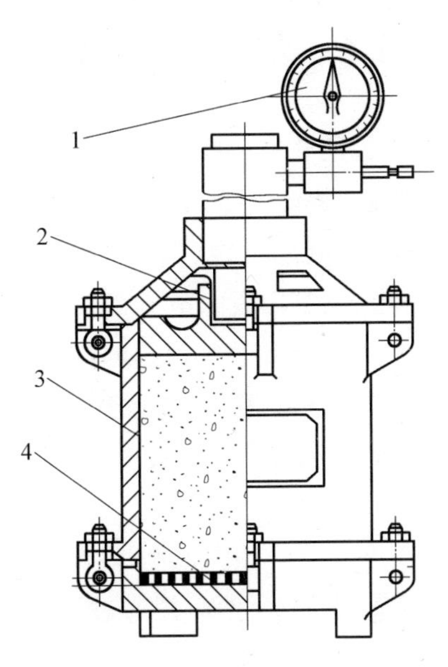

图3.14 压力泌水仪

1— 压力表;2— 工作活塞;3— 缸体;4— 筛网

混凝土混合料分两层装入压力泌水仪的缸体容器中,每层插捣20次。捣棒由边缘向中心均匀地插捣,插捣底层时捣棒应贯穿整个深度,插捣第二层时,捣棒应插透本层及下一层的表面;每一层捣完后用橡皮锤轻轻沿容量筒外壁敲打5～10次,进行振实,直至混合料表面插捣孔消失且不见大气泡为止。混凝土混合料表面应低于试验筒口约30 mm,用抹刀抹平。

压力泌水仪按规定安装完毕后立即给混凝土试样施加压力至3.2 MPa,并打开泌水阀门同时开始计时,保持恒压,泌出的水接入200 mL量筒中;加压至10 s时读取泌水量V_{10},加压至140 s时读取泌水量V_{140}。压力泌水率应按下式计算,精确至1%:

$$B_V = \frac{V_{10}}{V_{140}} \times 100 \tag{3.8}$$

式中　B_V——压力泌水率,%;

V_{10}——加压至10 s时的泌水量,mL;

V_{140}——加压至140 s时的泌水量,mL。

3.4　含气量的测定

本方法适用于集料最大粒径不大于40 mm的混凝土混合料的含气量测定。

试验所用含气量测试仪由容器及盖体两部分组成(图3.15),可参考行业标准《水泥混凝土混合料含气量测定仪》(JT/T 755)中规定。容器应由硬质、不易被水泥浆腐蚀的金属制成,其内表面粗糙度不应大于3.21 μm,内径与深度相等,容积为7 L。盖体:所用材料与容器相同,组成部分包括气室、水找平室、加水阀、排水阀、操作阀、进气阀、排气阀及压力表。压力表的量程为0～0.25 MPa,精度为0.01 MPa。容器与盖体之间设置密封垫圈,通过螺栓连接,连接处不得有空气存留,并保证密封。

测试用具还包括捣棒、振动台、台秤(称量50 kg,感量50 g)、橡皮锤等。

在容器中先注入1/3高度的水,然后把通过40 mm网筛的预定质量的粗、细集料称好、拌匀后,慢慢倒入容器。

水面每升高25 mm左右,轻轻插捣10次,并略予搅动,以排除夹杂进去的空气,加料过程中应始终保持水面高出集料的顶面;集料全部加入后,应浸

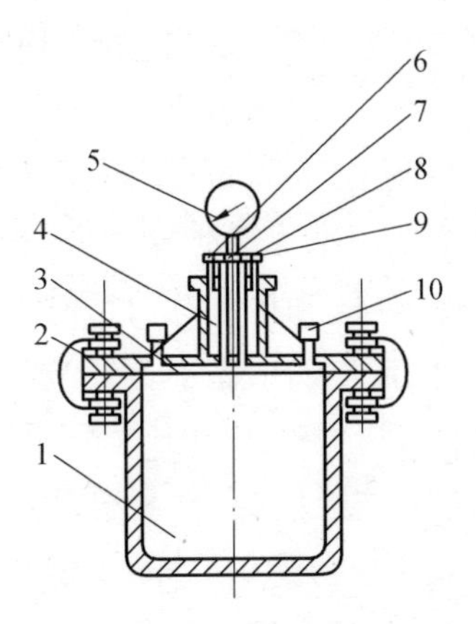

图 3.15 含气量测定仪

1—容器;2—盖体;3—水找平室;4—气室;5—压力表;6—排气阀;7—操作阀;8—排水阀;9—进气阀;10—加水阀

泡约 5 min,再用橡皮锤轻敲容器外壁,使气泡排净,除去水面泡沫,加水至满,擦净容器上口边缘。装好密封圈,加盖拧紧螺栓后关闭操作阀和排气阀,打开排水阀和加水阀,通过加水阀向容器内注入水;当排水阀流出的水流不含气泡时,在注水的状态下,同时关闭加水阀和排水阀。

开启进气阀,用气泵向气室内注入空气至压力略大于 0.1 MPa,待压力表显示值稳定,微开排气阀,调整压力至 0.1 MPa,然后关紧排气阀。

开启操作阀,使气室内的压缩空气进入容器,待压力表显示值稳定后记录示值 P_{g1},然后开启排气阀,压力表显示值应回零。

重复上述步骤,对容器内的试样再检测一次,记录表值 P_{g2}(MPa)。

如 P_{g1} 和 P_{g2} 的相对误差小于 0.2% 时,则取两者的算术平均值,按压力与含气量关系标准曲线查得集料的含气量 A_g,精确至 0.1%;如不满足则应进行第三次试验,测得压力值 P_{g3}。当 P_{g3} 与 P_{g1}、P_{g2} 中较接近一个值的相对误差不大于 0.2% 时,则取此二值的算术平均值。如仍大于 0.2%,则此次试验无效,应重做。

用湿布擦净容器和盖的内表面,装入混凝土混合料试样。捣实可采用手工或机械方法,坍落度不大于 70 mm 的混凝土宜用振动台振实,如振动台或插入式振捣器等，但应避免过度振捣；取样混凝土坍落度大于 70 mm 的宜用捣棒手工插捣。

捣实完毕后立即用刮尺刮平，表面如有凹陷应予填平抹光，然后在正对操作阀孔的混凝土混合料表面贴一小片塑料薄膜，擦净容器上口边缘，装好密封垫圈，加盖拧紧螺栓后关闭操作阀和排气阀，打开排水阀和加水阀，通过加水阀向容器内注入水；当排水阀流出的水流不含气泡时，在注水的状态下，同时关闭加水阀和排水阀。

开启进气阀，用气泵向气室内注入空气至压力略大于 0.1 MPa，待压力表显示值稳定，微开排气阀，调整压力至 0.1 MPa，关闭排气阀。开启操作阀，使气室内的压缩空气进入容器，待压力表显示值稳定后记录示值 P_{01}(MPa)，然后开启排气阀，压力表显示值应回零。

重复上述步骤，对容器内的试样再检测一次记录表值 P_{02}(MPa)。

如 P_{01} 和 P_{02} 的相对误差小于 0.2% 时，则取两者的算术平均值，按压力与含气量关系曲线查得含气量 A_0，精确至 0.1%；如不满足则应进行第三次试验，测得压力值 P_{03}(MPa)。当 P_{03} 与 P_{01}、P_{02} 中较接近一个值的相对误差不大于 0.2% 时，则取此二值的算术平均值。如仍大于 0.2%，则此次试验无效。

混凝土混合料的含气量应按下式计算，精确至 0.1%：

$$A = A_0 - A_g \tag{3.9}$$

式中 A——混凝土混合料含气量，%；

A_0——两次含气量测定的平均值，%；

A_g——集料含气量，%。

含气量测定仪的率定方法：

首先测得含气量为 0 时的压力值。

开启排气阀，压力表显示值应回零；关闭操作阀和排气阀，打开排水阀，在排水阀用量筒接水；用气泵缓慢地向气室内打气，当排出的水恰好是含气量仪体积的 1% 时，按上述步骤测得含气量为 1% 时的压力值。

重复上述步骤，分别得到含气量 2%、3%、4%、5%、6%、7%、8% 时的压力值。

以上试验均应进行两次，各次所测压力值均应精确至 0.01 MPa。

对以上的各次试验均应进行检验，其相对误差均应小于 0.2%；否则应重新率定。

据此测量结果,绘制含气量与气体压力之间的关系曲线。

3.5 凝结时间的测定

根据国家标准《普通混凝土拌合物性能试验方法》(GB/T 50080)规定,混凝土混合料凝结时间可采用贯入阻力仪进行测定,适用于确定坍落度值不为零的混凝土混合料的凝结时间。

贯入阻力仪为手动、自动均可,主要部件包括加荷装置、测针、砂浆试样筒和标准筛(图3.16)。加荷装置,最大测量值应不小于1 000 N,精度±10 N;测针,长100 mm,承压面积有100 mm^2、50 mm^2和20 mm^2三种;砂浆试样筒,上口径160 mm,下口径150 mm,净高150 mm的刚性不透水的金属圆筒,并配有盖子;标准筛,筛孔为5 mm的金属圆孔筛。

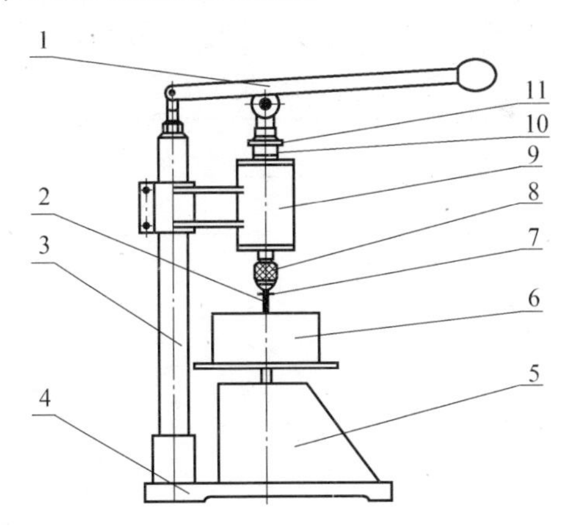

图3.16 手动型贯入阻力仪

1—手柄;2—试针;3—立柱;4—底座;5—压力显示器;6—试模;7—接触片;8—钻夹头;9—支架;10—主轴;11—限位螺母

从待测的混凝土混合料试样中,用5 mm标准筛筛出砂浆,每次应筛净,然后将其拌合均匀。将砂浆依次分别装入三个试样筒中分别试验。取样混凝土坍落度不大于70 mm的混凝土宜用振动台振实砂浆;取样混凝土坍落度大于70mm的宜用捣棒人工捣实。振实或插捣后,砂浆表面应低于试样筒口约10 mm;试样筒应立即加盖。

砂浆试样制备完毕,编号后应置于温度为20±2 ℃的环境中或现场同条件下待试。测试过程中环境温度应始终保持20±2 ℃;除进行贯入试验外,试样筒应始终加盖。

凝结时间测定从水泥与水接触瞬间开始计时,根据混凝土混合料的性能,确定测针试验时间,以后每隔0.5 h测试一次,在临近初、终凝时可增加测定次数。

每次测试前应吸去表面泌水。测试时将砂浆试样筒置于贯入阻力仪上,测针端部与砂浆表面接触,在10±2 s内均匀地使测针贯入砂浆25±2 mm深度,记录贯入压力,精确至10 N;记录测试时间,精确至1 min;记录环境温度,精确至0.5 ℃。

贯入阻力测试在0.2~28 MPa之间应至少进行6次,直至贯入阻力大于28 MPa为止。各测试点的间距应大于测针直径的两倍且不小于15 mm,测点与试样筒壁的距离应不小于25 mm。

在测试过程中应根据砂浆凝结状况,适时更换测针,见表3.6。

表3.6 测针选用规定表

贯入阻力/MPa	0.2~3.5	3.5~20	20~28
测针面积/mm^2	100	50	20

贯入阻力的计算式为

$$f_{PR}=\frac{P}{A} \tag{3.10}$$

式中 f_{PR}—— 贯入阻力,MPa;

P—— 贯入压力,N;

A—— 测针面积,mm^2。

凝结时间宜通过线性回归方法确定:计算贯入阻力f_{PR}和时间t的自然对数,以$\ln(f_{PR})$为自变量,$\ln(t)$为因变量,做线性回归得到回归方程式:

$$\ln(t)=A+B\ln(f_{PR}) \tag{3.11}$$

式中 A、B—— 线性回归系数。

根据式(3.11)求得贯入阻力为3.5 MPa时为初凝时间T_s,贯入阻力为28 MPa时为终凝时间T_e。

凝结时间也可用绘图拟合方法确定,即以贯入压力为纵坐标,经过时间为横坐标,绘制贯入阻力与时间之间的关系曲线,以 3.5 MPa 和 28 MPa 画两条平行于横坐标的直线,与曲线交点位置所对应的时间分别为混凝土混合料的初凝时间和终凝时间。用 3 个试验结果的算术平均值作为该次试验的初凝时间和终凝时间。如 3 个结果的最大值或最小值中有一个与中间值之差超过中间值的 10%,则以中间值为试验结果;如果最大值和最小值与中间值之差均超过中间值的 10% 时,则该次试验无效。凝结时间用 h :min 表示,并修约至 5 min。

3.6 表观密度测试

测定混凝土混合料捣实后单位体积的质量,以提供核实混凝土配合比计算中的材料用量是否合理。根据国家标准《普通混凝土混合料性能试验方法标准》(GB/T 50080)规定,混凝土混合料的表观密度试验所需主要仪器设备及测定步骤如下。

1. 主要仪器设备

(1)容量筒:金属制成的圆筒,两侧装有手把。对集料最大粒径不大于 40 mm的混合料,采用容积为 5 L 的容量筒,其内径与筒高均为 186±2 mm,筒壁厚为 3 mm;集料最大粒径大于 40 mm 时,容量筒的内径与筒高均应大于集料最大粒径的 4 倍。容量筒上缘及内壁应光滑平整,顶面与底面应平行并与圆柱体的轴垂直;

(2)台秤:称量 100 kg,感量 50 g。

(3)振动台:频率应为 50±3 Hz,空载振幅应为 0.5±0.1 mm。

(4)捣棒:直径 16 mm、长 600 mm 的钢棒,端部磨圆。

(5)小铲、抹刀、刮尺、湿布等。

2. 试验步骤

(1)用湿布把容量筒内外擦干净,称出质量 m_1,精确至 50 g。

(2)混凝土的装料及捣实方法应视混合料的稠度而定,一般来说,为使混合料密实状态更接近实际状况,对于坍落度不大于 70 mm 的混凝土,宜用振动台振实,大于 70 mm 的混凝土用捣棒捣实。

采用振动台振实时,应一次将混凝土混合料灌满到稍高出容量筒口。装料时允许用捣棒稍加插捣，振捣过程中如混凝土高度沉落到低于筒口，则应随时添加混凝土，振动直至表面出浆为止。

采用捣棒捣实时，应根据容量筒的大小决定分层与插捣次数。用 5 L 容量筒时，混凝土分两层加入，每层插捣 25 次。容量筒大于 5 L 时，每层混凝土的高度不应大于 100 mm，每层的插捣次数应按每 100 cm^2 截面不小于 12 次计算。每次插捣应均匀地分布在每层截面上，插捣底层时捣棒应贯穿整个深度，插捣第二层时，捣棒应插透本层至下一层的表面。每一层插捣完后应把捣棒垫在桶底，用双手扶筒左右交替颠击 15 次，使混合物布满插孔。

(3)用刮尺齐筒口将多余的混凝土混合料刮去，表面如有凹陷应予填平。将容量筒外壁擦净，称出混凝土与容量筒总重 m_2，精确至 50 g。

3. 结果评定

混凝土混合料表观密度 ρ_{c0} 的计算式为(精确至 10 kg/m^3)

$$\rho_{c0} = \frac{m_2 - m_1}{V_0} \times 1\ 000 \tag{3.12}$$

式中　m_1——容量筒质量，kg；

m_2——容量筒及试样总质量，kg；

V_0——容量筒容积，L。

第 4 章　混合料性能的影响因素

4.1　流动性的主要影响因素

4.1.1　组成材料的性质

1. 水泥

混凝土混合料中的砂石集料本身并没有流动性，因此必须均匀地分散在水泥浆体中才能产生相对位移，在此过程中遇到的运动阻力则与水泥浆厚度有关：水泥浆体厚度越大，则集料相对位移时的阻力越小，混凝土混合料的流动性越好，同时也有利于混凝土混合料在模板或管道内的流动变形。作为混凝土混合料胶凝能力和变形能力的本源，水泥的性质特别是细度、需水性和凝结时间对混凝土混合料的工作性有显著影响。

(1)细度。

水泥细度，即水泥颗粒的粗细程度，通常采用筛余、比表面积或颗粒级配加以表征。水泥细度可影响水泥净浆、砂浆以及混凝土混合料的凝结硬化速度、强度、需水性、水化热、体积安定性等一系列性能。水泥细度越大，比表面积越高，因粉磨过程产生的缺陷浓度也越大，因此水化反应活性越高；反之，粒径过大的水泥颗粒，反应活性较小，特别是粒径大于 90 μm 的水泥颗粒几乎不参与水化反应而只起到惰性填料的作用。工程实践表明，水泥颗粒尺寸小于 40 μm 才能充分发挥水化活性，其质量分数应不低于水泥总量的 65%；另一方面，细度过大会导致水泥水化过快，凝结时间缩短，水化放热提高，混合料流动性损失加快。

(2)需水性。

水泥加水后，按规定方法搅拌，使水泥净浆达到规定可塑状态时的需水量，称为水泥标准稠度用水量，用拌合水质量和水泥质量之比的百分数表示。

影响水泥净浆需水性的主要因素有熟料矿物组成、水泥粉磨细度以及混合材种类和掺量等。

水泥需水量越大,同一用水量条件下混合料的流动性就越小。对于硅酸盐水泥和普通硅酸盐水泥来说,熟料中 C_3A 含量越高,水泥需水量越大,在相同水灰比情况,则水泥浆的黏度和极限剪应力也将有所提高,进而影响混凝土混合料的流动性。这种影响趋势在水化数小时后表现得更加明显。另一方面,硅酸盐水泥熟料矿物中 C_3A 含量越多,则其早期水化作用越剧烈,所形成的胶体粒子数量越多,水泥浆体中固体组分的表面积增加,所形成凝聚结构的接触点增多,能大大增加吸附水的量,因此水泥的保水能力有所提高,有利于改善混凝土混合料的泌水性。同理,相同品种水泥的细度越大,则需水量越大,同样水灰比条件下的流动性越差,但黏聚性和保水性越好。火山灰水泥标准稠度用水量与矿物混合材料结构与性质有关,通常情况下所配制的混凝土流动性比普通水泥小,特别是采用硅藻土、沸石粉等作混合材料时,但混合料的黏聚性和保水性较好。在流动性相同的情况下,矿渣水泥的保水性能和黏聚性均较差。粉煤灰水泥拌制的混凝土流动性最好,保水性和黏聚性也比较好。

(3)凝结时间。

水泥凝结过程分为初凝和终凝两个阶段,分别代表水泥浆体自加水瞬间到开始失去塑性和完全失去塑性的时间段长短。初凝时间不能过短,否则水泥浆和混凝土可能来不及完成搅拌、输送、浇注、振捣密实等施工操作,或者施工操作会导致已形成的水泥石结构的损伤,最终影响硬化后水泥石和混凝土的力学强度;终凝时间不宜过长,否则会影响水泥砂浆或混凝土的正常施工流程,特别是降低模板的周转效率等。

我国水泥标准(GB 175)规定,五大品种水泥包括硅酸盐水泥、普通硅酸盐水泥、矿渣水泥、火山灰质水泥、粉煤灰水泥的初凝时间不得早于45 min,终凝时间硅酸盐水泥不得迟于6.5 h,其他四种水泥不得迟于10 h。通常水泥熟料中 C_3S、C_3A 含量提高,凝结时间则相应缩短,如 C_3A 含量过高或石膏掺量不足,甚至可能引起水泥瞬凝;水泥细度增大,比表面积提高,也会加速水泥的水化和凝结硬化过程。此外,粉磨过程中如磨机过热,会引起部分石膏脱水转化为半水石膏或可溶性硬石膏,其吸水反应过程可能导致水泥的假凝现象,一般通过水泥浆或混凝土混合料的二次搅拌即可重新恢复流动性。

2. 集料

粗细集料的品种、形状、粗细程度、级配、含泥量等性质对混凝土混合料的工作性均有不同程度的影响。集料的颗粒较大、粒形较圆、表面光滑、级配较好时,混凝土混合料的流动性相对较大。

(1)品种。

卵石(也称砾石)表面光滑,比表面积小,与水泥的黏结力不如碎石,但空隙率较小,在相同胶凝材料用量情况下,混合料的流动性有所提高,但黏聚性和保水性则相对较差;使用碎石时的情况则与此相反。河砂与山砂的差异与上述相似。

(2)粗细程度与级配。

粗集料的粗细程度可通过最大粒径,即累计筛余10%所对应的筛孔尺寸加以控制。最大粒径越大,则粗集料的总表面积越小,包裹集料表面所需水泥浆越少,实现一定流动性所需水泥用量和用水量越少;但该值过大,易导致混凝土混合料的黏聚性和保水性下降,可能发生离析现象,对混凝土的工作性不利。工程实践表明,配制强度等级C60以上的混凝土时粗集料最大粒径应不超过20 mm。

细集料即砂的粗细程度通常采用细度模数(μ_f)表示,可通过筛分析方法进行测定。细度模数越大,说明砂越粗。根据细度模数大小,可将砂分为粗砂(μ_f = 3.7 ~3.1)、中砂(μ_f = 3.0 ~2.3)、细砂(μ_f = 2.2 ~1.6)和特细砂(μ_f = 1.5 ~0.7)。砂的细度大,则包裹表面所需水泥浆增多,会导致混凝土混合料变得干涩,流动性降低。因此,当前商品混凝土工程中通常选用中粗砂。

级配良好的粗细集料总表面积和空隙率均有所降低,因此包裹集料表面和填充空隙所需的水泥浆用量同时减小,对混凝土混合料的流动性有利。采用间断级配即去除粒径在某一范围的颗粒体,则粗集料的空隙率可进一步降低,但缺少了中间颗粒的润滑作用,混凝土混合料的流动变形能力下降,对混凝土的工作性不利。因此,常规的连续级配粗细集料在商品混凝土技术中应用更为广泛。

(3)有害物质。

①针片状颗粒含量。

根据颗粒的几何形状特征,凡颗粒中长度大于平均粒径2.4倍者称为针状颗粒,而厚度小于平均粒径的0.4倍者称为片状颗粒。一般来说,针片状颗粒主要存在于形状不规则的粗集料即碎石中,特别是板岩类变质岩破碎后的针片状颗粒含量较多,因其形状不规则、比表面积大,因此对混凝土混合料的工作性有明显影响。例如,针片状颗粒含量增加25%,混凝土混合料的坍落度减少约12 mm。

②含泥量与泥块含量。

此类物质含有大量的超细土质颗粒,比表面积大,会导致混凝土的需水量增加;此外,黏土类矿物的离子交换能力和吸附能力较强,对外加剂的使用效果有较大影响,一般情况下如集料的含泥量大,相应外加剂的掺量必须随之增大才能达到预期使用效果。

③氯离子含量。

氯离子的存在可能影响混凝土混合料的凝结性能,同时易引起钢筋锈蚀问题。

3. 矿物掺合材

(1)粉煤灰。

粉煤灰也称飞灰,是燃煤电厂烟道气体中回收的细小颗粒,其中含有大量的空心或实心球状玻璃微珠,化学成分则以SiO_2和Al_2O_3为主,两者总量可达粉煤灰总质量的60%以上。粉煤灰的活性主要取决于SiO_2和Al_2O_3的活性及其含量,而CaO、Fe_2O_3的存在对于提高粉煤灰的活性也是有利的。

粉煤灰的应用价值很大程度上源自粉煤灰很高的细度和比表面积。粉煤灰的粒径主要为0.5~300 μm,其中以45 μm以下的颗粒居多,平均粒径一般为10~30 μm。粉煤灰的细度可采用筛余量表示,我国国家标准《用于水泥和混凝土中的粉煤灰》(GB 1596)中规定,粉煤灰的细度采用0.045 mm孔径方孔筛的筛余量来表示。一些研究认为,用比表面积表征粉煤灰的细度更为准确,原因是比表面积大小不仅可以反映粉煤灰的细度,还可以从整体上反映粉煤灰的颗粒形状,甚至还可以反映粉煤灰颗粒中开放孔隙的多少。我国粉煤灰通过勃氏瓶测得的比表面积一般为1 600~3 500 cm^2/g。

工程实践表明,引入适当比例的粉煤灰可显著改善混凝土混合料的工作性,如增大流动度、改善内聚性、减少流动度损失等,其原因主要是源于粉煤灰的形态效应。形态效应是指粉煤灰颗粒形貌、粗细、表面粗糙度、级配、内外结构等几何特征以及色度、密度等特征在混凝土中产生的效应。粉煤灰中富含铝硅玻璃体微珠，表面光滑，颗粒细小，因此有助于解散水泥颗粒的絮凝结构、促进颗粒扩散，同时可使混凝土混合料黏度降低，减小颗粒之间的摩擦力。此外，粉煤灰主要成分的密度除少量富铁微珠外均小于水泥颗粒，即使等量取代水泥，也能使混凝土中浆体的体积增大，因此可显著增加润滑作用，改善混凝土的工作性。由此原因，低碳细灰粉煤灰也称矿物型减水剂，具有类似于普通化学减水剂的减水效果，而且其扩散和减水作用相对更稳定。形态效应还能提高混凝土混合料的均匀性和稳定性，有利于改善硬化混凝土初始结构。

需要注意的是，如果粉煤灰中形态不良、疏松多孔的颗粒含量过多，则会明显削弱粉煤灰的形态效应，甚至会因需水量上升等原因导致混凝土质量的恶化。工程应用中常以需水量比表示粉煤灰的需水性能，具体测试方法则是根据国家标准《水泥胶砂流动度试验方法》(GB/T 2419)分别测定试验样品(90 g粉煤灰+ 210 g 基准水泥 + 750 g 标准砂)和对比样品(300 g 基准水泥 + 750 g 标准砂)达到同一流动度 125 ~ 135 mm 的加水量之比。影响粉煤灰需水量的主要因素包括粉煤灰细度、颗粒形貌、颗粒级配等，此外也与粉煤灰的密度和烧失量有关。我国 GB/T 1596 规定，Ⅰ级粉煤灰的需水量比不大于 95%，Ⅱ级粉煤灰的需水量比不大于 105%，Ⅲ级粉煤灰的需水量比不大于 115%。配制混凝土时，Ⅰ级粉煤灰具有明显的减水效果，或在相同用水量情况下明显改善混凝土混合料的工作性；Ⅱ级粉煤灰所配制混凝土的流动度与不掺粉煤灰的流动度基本相同，但黏聚性和保水性有一定改善；Ⅲ级粉煤灰需水性大，配制混凝土时需增大单位用水量才能满足流动性要求，因此一般只能用于生产低强度等级的混凝土。

烧失量是反映粉煤灰含碳量高低的一个指标，烧失量越大，含碳量越高，则粉煤灰吸附水和化学物质的能力越强，相应粉煤灰的需水量比增大，改善混合料工作性的能力下降，水化反应活性也越来越低，此外还会影响外加剂的使用效果。因此，为了保证混凝土的质量，必须对粉煤灰的烧失量进行严格控制。我国 GB/T 1596 规定，Ⅰ级粉煤灰的烧失量应小于 5%，Ⅱ级粉煤灰的烧失量应小于 8%。

(2)磨细矿渣。

磨细矿渣是冶炼过程中铁水表面漂浮的熔渣，经水淬、粉磨后得到的粉状物质,其表面积通常高于 400 m^2/kg,甚至达到 800 m^2/kg 以上。为提高混凝土的早期强度和其他相关性能,可以在矿渣粉磨过程中加入适量石膏,其成分与性能应符合国家标准《石膏和硬石膏》(GB/T 5483)的规定,掺量以 SO_3 计应不超过 4%。

磨细矿渣中 CaO 质量分数一般为 35% ~45%,低于水泥熟料的 CaO 的质量分数,导致矿渣的水化活性相对较低,而且矿渣微粉可分散包覆于水泥颗粒表面,可起到隔离水泥水化初期产物相互搭接的作用。因此,采用磨细矿渣取代水泥,可起到减缓水化速度、延长凝结时间的使用效果,有利于降低混凝土混合料的流动性经时损失,特别是在高温干燥环境下效果更为明显。

从需水性角度讲,水泥颗粒间的细小粉末可以起到减少摩擦的作用。姚燕等人的研究工作表明,比表面积 400 ~1 200 m^2/kg 的粉磨矿渣等量取代水泥后,砂浆的流动性有不同程度的提高,即磨细矿渣取代熟料后可降低水泥的需水性。

(3)硅灰。

硅灰是冶炼硅铁或非金属硅时,通过电收尘装置从烟气中收集到的一种烟灰,其主要成分为无定形 SiO_2,质量分数达 85% ~95%。硅粉的粒径很小,平均粒径为 0.1 ~0.3 μm,球形,呈气溶胶状态,比表面积则高达 15 ~30 m^2/g。硅灰的化学成分和形貌特征赋予其极高的火山灰质活性,但由于价格昂贵,一般只用于 C80 以上的高强混凝土或者具有高抗渗、高耐腐蚀性等特殊要求的混凝土工程。

混凝土中使用的硅灰主要是利用其反应活性及微集料效应,改善混凝土的密实度,提高混凝土的各龄期强度和耐久性。对于混凝土混合料而言,细小的硅灰粒子可以填塞在水泥颗粒的间隙中,所形成的紧密堆积结构有利于降低需水量,提高黏聚性,减少泌水。但由于硅灰的细度大、比表面积高,团聚效应显著,因此在拌制混凝土时应加强搅拌并使用适当品种、足量的外加剂以保证硅灰和水泥分散。尽管如此,由于价格昂贵,商业化生产中建议硅灰掺量控制在 5% ~10%,相应混凝土中胶凝材料成本提高约 50% ~100%。

(4)沸石粉。

沸石是一组具有骨架结构的含水铝硅酸盐矿物,为平衡电中性,其晶体结构中引入了 Na^+、K^+、Ca^{2+} 等阳离子。

天然沸石岩经破碎、粉磨后得到的产品具有极高的内比表面积，既可以改善混凝土混合料的黏聚性与保水性、降低水化热，又能改善混凝土的均匀性、提高其抗渗性和耐久性，还可起到抑制碱-集料反应的作用。由于沸石粉的吸水性较强，一般建议C45以上混凝土中的掺量不宜超过10%，掺量过高则可能导致混凝土混合料变得干硬而无法正常施工操作。

4.1.2 配合比

1. 单位用水量

单位用水量是混凝土流动性的决定性因素。用水量增大，流动性随之增大。但用水量过高会导致保水性和黏聚性变差，产生泌水或分层离析现象，影响混凝土的匀质性、强度和耐久性。

混凝土混合料的工作性主要取决于水泥浆体的塑性状态，其本质原因是由于水泥颗粒间同时存在引力和斥力。两者大小相当、作用方向相反，既可以使粒子固结在一起，同时又阻止了颗粒间点与点的实际接触。具体分析表明，水泥颗粒间的引力主要由长程的分子间作用力即范德华力所引起，而斥力则可能来自于水泥颗粒表面双电层所产生的静电斥力以及表面吸附溶剂化水膜的相互排斥作用。因此，单位用水量的增大可以促进水泥颗粒对离子的选择性吸附、增大双电层或者溶剂化水膜的厚度，从而起到增加颗粒间斥力的作用。

数学分析上，可将混凝土混合料看作由不同大小的固体颗粒与液相所构成的二相混合体系，将固体粒子和液相的体积作为独立的变量，固体粒子的数量与大小的影响作为参数考虑。假设混凝土混合料的流动性为 y，固相粒子和液相的体积分别为 V_s 和 W，则流动性的变化量 dy 与固液体积比的增量 $d(V_s/W)$ 成正比，即

$$dy = -Kyd\left(\frac{V_g}{W}\right) \tag{4.1}$$

式中　K—— 常数，取决于固体粒子的性质。

上式积分可得

$$y = Y_0 e^{-K}\left(\frac{V_s}{W}\right) \tag{4.2}$$

式中　Y_0—— 常数，由流动性试验方法而定，可看作是水的流动性。

对于单位体积混合料，则 $V_s + W = 1$，则式(4.2)可写为

$$y = Y_0 e^{-K[(1-W)/W]} \tag{4.3}$$

或

$$\ln\left(\frac{y}{Y_0}\right) = K\left(1 - \frac{1}{W}\right) \tag{4.4}$$

根据上式，$\ln y$ 与 $1/W$ 呈直线关系，即混合料流动性随液相体积的增加而增大，与试验事实基本相符。实际应用过程中，考虑到混凝土混合料的常用加水量和流动性范围，通常认定流动性的变化率和单位用水量的变化率式正比，即

$$\frac{dy}{y} = n\left(\frac{dW}{W}\right) \tag{4.5}$$

积分可得

$$y = C \cdot W^n \tag{4.6}$$

式中　C——常数；

　　　n——试验方法常数，与混凝土成分无关。

如以坍落度值表示混合料流动性，$n = 10$ 十分符合试验值；以混凝土流动性能桌试验，则 $n = 5$ 与试验值符合较好。

在混凝土混合料较为干硬的情况下，少量加水对流动性的影响很小；流动性较大时，即使少量加水也可导致坍落度的大幅度增加。这一实践情况与上述幂函数高次抛物线可相互验证。对于混合料常用加水量范围来说，大量的试验研究证明，在原材料品质一定的条件下，单位用水量一旦选定，单位水泥用量增减 50 ~ 100 kg/m^3，混凝土的流动性基本保持不变，这一规律称为固定用水量定则，或称需水性定则。这一定则对普通混凝土的配合比设计带来极大便利，即可通过固定用水量保证混凝土坍落度的同时，调整水泥用量而增减水灰比，来满足强度和耐久性要求。在进行混凝土配合比设计时，单位用水量可根据施工要求的坍落度和粗集料的种类、规格，根据《普通混凝土配合比设计规程》(JGJ 55)选用，再通过试配调整，最终确定单位用水量。

2. 水灰(胶)比和集灰比

混凝土混合料的性能既取决于水泥浆基体的性能和数量，也受到集料性能和数量的显著影响。两者相对数量可以通过水灰(胶)比和集灰比两个参数加以控制，从流变学角度，水灰(胶)比主要影响混合料的黏度系数，而集灰

比则主要影响混合料极限剪应力的大小。

变换公式(4.2)的量,假定固体总体积 V_s 是集料的绝对体积 V_a 与水泥的绝对体积 V_c 之和,则

$$y = Y_0 e^{-K(V_a+V_c)/W} \tag{4.7}$$

或

$$\ln\left(\frac{y}{Y_0}\right) = -K\left(\frac{V_a + V_c}{W}\right) = -K\left(\frac{C}{W}\right)\left(1 + \frac{V_a}{V_c}\right) \tag{4.8}$$

上式表明,混凝土混合料的流动性与集灰比和水灰(胶)比之间存在一定关系:水灰(胶)比不变的情况下,减小集灰比,则流动性 y 增大;集灰比不变的情况下,减小水灰(胶)比,则流动性 y 降低。如固定流动性 y 不变,则任何集灰比 V_a/V_c 的变化都会引起水灰(胶)比 W/C 的相应改变,如图4.1所示。从图中可以看到,当集料体积率很大时,要求水灰(胶)比趋近于无穷大,即水泥浆要稀释到像水一样,才能满足流动性要求;此时集料的体积含量称为集料的极限值,其大小取决于所要求的混合料流动性。在集料体积为零的一端,则表示能达到所规定流动性的纯水泥浆的水灰(胶)比,即水泥浆极限值,其大小同样取决于混合料的流动性要求。

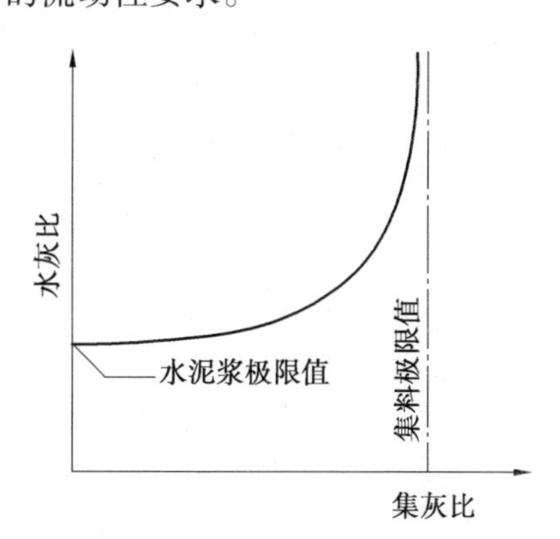

图4.1 固定流动性情况下,集灰比与水灰(胶)比的关系

从水泥浆体和混凝土混合料结构组成的角度,水灰(胶)比大小首先决定了水泥浆的稠度,在水泥用量不变的情况下,水灰(胶)比增大则可使水泥浆的黏度降低,集料表面包裹层的厚度越小,相应更多的浆体可以用于填充集料空隙,混合料流动性也就提高。但水灰(胶)比过大会严重降低混凝土的保水

性和黏聚性，产生流浆、离析等现象；另一方面，水灰（胶）比也不宜太小，否则水泥浆过稠，会导致混凝土混合料流动性过低，进而影响混凝土的振捣密实，产生麻面和空洞等缺陷。合理的水灰（胶）比是混凝土混合料流动性、保水性和黏聚性的良好保证，一般应根据混凝土强度和耐久性要求合理选用。

在工程实践上，对集灰比的考察和控制通常采用"浆骨比"这一指标。浆骨比是指水泥浆与砂石集料的质量比。没有浆体时，砂石集料紧密堆积在一起，尽管彼此间也存在一定空隙，但由于固体颗粒间的机械摩擦力和相互支撑作用，固体颗粒不能移动，也就不具有流动性；引入水泥和水后，所形成的浆体包裹砂石颗粒表面并将固体粒子隔开，剩余浆体填充于固体颗粒间的空隙中。浆体的存在破坏了固体颗粒的支撑结构，减小了颗粒相对移动时的摩擦阻力，使颗粒变得可以自由移动，从而获得所需的流动性。流动性良好的混凝土混合料中，水泥浆的数量应足以包裹粗细集料表面并填充集料颗粒间的空隙。集料体积率越高，则空隙体积越大，水泥浆体的体积相对越少；当水泥浆体体积少到不能充分填满集料空隙时，无论水泥浆体的黏度如何降低，也不能使混凝土混合料获得所要求的流动性。

在水灰（胶）比一定的前提下，浆骨比越大，即水泥浆量越大，混凝土混合料的流动性越好。通过调整浆骨比大小，既可以满足流动性要求，又能保证良好的黏聚性和保水性。浆骨比不宜太大，否则易产生流浆现象，使混合料黏聚性下降，同时对混凝土的强度和耐久性也会产生一定影响；且水泥用量增加，提高了生产成本。浆骨比也不宜太小，否则水泥浆不能填满集料空隙甚至无法完全包裹集料表面，集料间缺少黏结体，混合料黏聚性变差，将发生崩塌现象。因此，合理的浆骨比是混凝土混合料工作性的良好保证。

3. 砂率

砂率 β_s 是指混凝土中砂的质量占砂、石总质量的百分率。砂率的变动会使集料的空隙率和总表面积有显著改变，因此对混凝土混合料的工作性产生显著影响。砂的颗粒比粗集料要小得多，因此可以填充到粗集料的空隙中，使集料的堆积密度提高、空隙率减小；但是当砂率超过一定程度以后，粗集料的空隙已被填满，砂率继续提高反而会导致集料总空隙率的增大，同时集料总的比表面积也会随砂率的增加而明显增大。

当砂率较小时，砂的填充作用是主要的，填充空隙所需的水泥浆显著减少,同时砂与水泥浆组成的砂浆在粗集料间起到“润滑”和“滚珠”作用,可减小粗集料间的摩擦阻力,因此在水泥用量和水灰比一定的条件下,适当增大砂率有助于提高混凝土混合料的流动性,同时可改善黏聚性和保水性。砂率过小,则混凝土的黏聚性和保水性均下降,易产生泌水、离析和流浆现象。但如砂率过大,砂的填充作用消失,集料的总表面积和空隙率都随砂率的提高而增大,在水泥浆含量不变的情况下,水泥浆量相对变少,集料表面包裹的水泥浆层变薄,减弱了水泥浆的润滑作用,结果导致混凝土混合料的流动性变小,黏聚性也有所下降。

合理砂率是指砂子填满石子空隙并有一定的富余量,能在石子间形成一定厚度的砂浆层,以减少粗集料间的摩擦阻力,使混凝土混合料的流动性(坍落度)达到最大值;或者在保持流动性不变及良好的黏聚性与保水性的情况下,使水泥浆用量达最小值。如图4.2(a)、(b)所示。

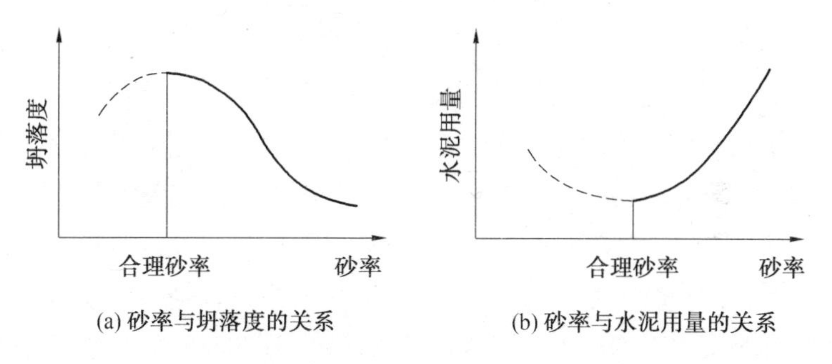

图4.2 砂率与混凝土流动性和水泥用量的关系

合理砂率的确定可根据上述两原则通过试验确定。影响合理砂率大小的因素很多,具体可概括为以下几个方面:

石子最大粒径大、级配良好、表面较光滑时,由于粗集料的表面积和空隙率较小,可采用较小的砂率;砂的细度模数较小时,由于砂中细颗粒多,混凝土的黏聚性容易得到保证,可采用较小的砂率;水灰比小、水泥浆较稠时,由于混凝土的黏聚性容易得到保证,可采用较小的砂率;施工要求的流动性较大时,粗集料常出现离析,为保证混合料的黏聚性,需采用较大的砂率。当掺用引气剂或减水剂等外加剂时,可适当减少砂率;在低强度等级混凝土中,胶凝材料用量较少,应采用较大的砂率;反之,在高强度等级混凝土中,由于胶凝材料用量较多,水灰比也相对较小,可以采用较小的砂率。一般情况下,在保证混合料不离析、能很好浇灌捣实的前提下,应尽量选用较小的砂率以节约水泥。

对普通混凝土工程可根据经验或根据 JGJ 55 参照表 4.1 选用砂率。

表 4.1 混凝土砂率选用表

水灰比(*W/C*)	卵石最大粒径/mm			碎石最大粒径/mm		
	10	20	40	16	20	40
0.40	26 ~ 32	25 ~ 31	24 ~ 30	30 ~ 35	29 ~ 34	27 ~ 32

注:①表中数值是中砂的选用砂率,对细砂或粗砂,可相应地减少或增大砂率。

②本砂率适用于坍落度为 10 ~ 60 mm 的混凝土。坍落度如大于 60 mm 或小于 10 mm 时,应相应增大或减小砂率;按每增大 20 mm,砂率增大 1% 的幅度予以调整。

③只用一个单粒级粗集料配制混凝土时,砂率值应适当增大。

④掺有各种外加剂或掺合材时,其合理砂率值应经试验或参照其他有关规定选用。

⑤对薄壁构件砂率取偏大值。

4.1.3 外加剂

混凝土施工中用于改善混凝土工作性的外加剂品种主要有减水剂和引气剂,必要时还会掺入缓凝剂、增稠保塑剂、抗分离剂等以调整混凝土混合料或硬化混凝土的性能。生产过程中,应根据具体的施工要求选择外加剂的品种和用量,同时注意外加剂与混凝土各原料以及所使用各外加剂之间的相容性情况。目标是在不增加用水量的条件下提高流动性,并保证具有良好的黏聚性和保水性。

1. 常用外加剂

(1)减水剂。

混凝土混合料中掺用适量减水剂,可起到促进水泥颗粒有效分散、增加水泥颗粒水化面积、减小水泥颗粒间摩擦等作用,因此在单位用水量和水灰比不变的情况下,可显著提高混凝土混合料的流动能力,改善混凝土的工作性。与此同时,由于减水剂可提高水泥的分散度,改善水泥-水体系的稳定性,减缓水泥颗粒的沉降速度,降低泌水量,因此可有效缓解泌水现象的发生。常见减水剂品种、性能可简单归纳如下:

①木质素磺酸盐系减水剂。常用如木质素磺酸钙减水剂,简称木钙减水剂,掺量 0.2% ~0.3%。具有增塑、减水和缓凝效果,减水率一般为 10% ~

15%，缓凝 1 ~3 h，但与水泥的相容性不太理想。木质素磺酸盐系减水剂的原料丰富、价格低廉，并有较好的增塑减水效果，在低强度等级混凝土或施工要求较低的混凝土工程中应用较为普遍。

②萘系高效减水剂。主要成分为芳香族萘系磺酸盐甲醛缩合物，属阴离子型表面活性剂。推荐掺量下的减水率一般为 15% ~25%，基本上不影响混凝土的凝结时间，引气量不高于 2%，提高混凝土强度的效果明显。缺点是与水泥的相容性问题较明显，有时坍落度损失较大。在商品混凝土中可与缓凝、引气等组分进行复合，组成所谓泵送剂产品。

③蜜胺系高效减水剂。主要成分为磺化三聚氰胺甲醛缩合物，属阴离子型、早强、非引气型高效减水剂，减水率可达 25%，无缓凝作用，增强效果较好。新型三聚氰胺高效减水剂的分散能力好于萘系减水剂，流动性保持能力强，对水泥品种也有较好的适应性，早期强度高，但价格相对较高，混凝土成本增幅明显。

④氨基磺酸盐系高效减水剂。主要成分为对氨基苯磺酸盐–苯酚–甲醛的缩合物，也称单环芳烃型高效减水剂，掺量一般为 0.2% ~0.5%，具有减水率高(25% ~30%)、混凝土坍落度损失小等特点。其合成工艺简单、反应温度低(80 ~110 ℃)，但以化工产品为原料、成本相对较高，应用推广受到一定限制。同时，氨基磺酸盐系减水剂使用时容易引起过度泌水和缓凝问题，生产实践中可将其与萘系高效减水剂复合，不仅可以改善萘系减水剂与水泥的相容性，还能增强混凝土保持坍落度的能力。

⑤脂肪族高效减水剂，主要成分为脂肪族羟基磺酸盐缩合物，其生产材料丰富，减水率高，泌水量增幅不明显，对混凝土凝结时间影响小，对混凝土早期强度(3 d)和后期强度都有促进作用；冬天无结晶，不引气，不含氯盐，不会加速对钢筋的锈蚀；与不同品种水泥的相容性优于萘系减水剂，同时可与其他外加剂复合配制成系列产品。

⑥聚羧酸高效减水剂。由丙烯酸、马来酸酐、甲基丙烯酸、丙烯酸羟乙酯等原料通过接枝共聚方法合成得到。此种减水剂即使在很小掺量情况下(0.1% ~0.2%)也可以产生良好的分散效果，同时具有优良的缓凝、早强和保坍效果，与水泥的相容性较好，但对磨细掺合材用量和集料含泥量较为敏感。

减水剂对混凝土工作性的改善作用除了取决于外加剂的品种、掺量，还与外加剂的使用工艺、水泥的品种与用量、集料种类、环境温湿度等有关。

(2)引气剂。

引气剂可以在混凝土混合料中引入大量均匀分布的微小气泡，对水泥与集料颗粒具有浮托、隔离及“滚珠”润滑作用，可起到分散、润湿的双重效果，使得混凝土混合料的工作性得到显著改善，特别是在集料粒形不佳的碎石或人工砂混凝土中使用效果更为显著。另一方面，引气剂可改善混合料中集料与水泥浆的黏聚性，提高混合料的均质状态，延长拌合用水的停留时间，减小混合料的泌水性。此外，使用引气剂还可起到提高混凝土耐久性特别是抗冻性和抗盐冻剥蚀性的作用效果。

优质引气剂应具有的性能包括有效降低液体的表面张力，发泡倍数高，气泡数量多、间距小，气泡封闭、独立、稳定。

常用引气剂如下：

①松香热聚物及其改性产品。为阴离子型表面活性剂，因引气而具有一定的减水作用，但松香热聚物的溶解性较差，与其他外加剂的相容性不佳，混凝土强度降低幅度较大；经改性处理后，在0.005%～0.015%掺量下，即可提高含气量至4%～6%，减水率8%以上，气泡细小、稳定、强度高，便于使用。

②皂苷类引气剂。主要成分为三萜皂苷，是一种非离子型表面活性剂，对酸、碱和硬水有较强的化学稳定性。产品易溶于水，复配性能好；常规掺量0.01%～0.03%情况下，基本可以满足混凝土抗冻性要求，同时混凝土的强度降低幅度有所减小，含气量每增大1%，抗压强度降低率≤3%，低于其他引气剂的强度降低率（抗压强度降低4%～6%，抗折强度降低2%～3%）。但含气量超过6%时，抗冻性不再明显提高，甚至呈下降趋势。

引气混凝土中含气量应严格控制，机械搅拌时间可适当延长，但出料到浇注的停留时间不宜过长，同时机械振捣不宜过于剧烈、时间不宜超过20 s。

(3)缓凝剂。

在混凝土中掺入缓凝剂可有效延长混凝土的凝结时间，使混凝土混合料在较长时间内保持塑性，延长混合料运输、浇注、振捣、密实成型等工序的可操作时间，同时还可起到降低水化热、减少温度裂缝、缓解坍落度损失等作用。

由于具有缓凝、降低水化热等作用，缓凝剂适合用于高温季节施工混凝土、大体积混凝土、泵送及远距离运输的商品混凝土等，但不宜用于冬季施工或对早期强度有要求的混凝土。常用的缓凝剂主要有糖钙（掺量0.1%～0.3%）、木钙（掺量0.2%～0.3%）、羟基羧酸盐（如柠檬酸、酒石酸等，掺量0.03%～0.1%）、无机盐类（如锌盐、硼酸盐、磷酸盐等），在推荐掺量下，糖蜜类缓凝剂可延长混凝土凝结时间2～4 h，羟基羧酸盐类缓凝剂可延长混凝土缓凝时间4～10 h。

需要注意的是，使用缓凝剂时应严格控制掺量，过多的缓凝剂会导致混合料长时间不凝，有时还会出现速凝现象。另外，缓凝剂对水泥品种较为敏感，不同品种水泥的缓凝效果有很大差异，甚至会出现相反效果，因此在使用前必须进行试拌，检验使用效果。

2. 外加剂相容性的改善措施

相容性问题会影响外加剂的使用效果，引起混凝土质量波动，严重时甚至无法正常施工。因此必须采取必要的措施，减少或避免不相容现象的发生。

（1）加强水泥磨机内物料温度的控制。

目的是控制石膏的矿物组成和含量，防止二水石膏失水转变为半水石膏或可溶性硬石膏，影响石膏的缓凝性能。必要时还可考虑将新磨制的水泥自然陈放一定时间（一般不少于10天），也有助于提高水泥的质量均匀性。

（2）单独磨细水泥混合材。

单独粉磨可进一步提高混合材的细度，改善其微集料效应，在不降低混合材掺量的情况下，可明显提高水泥强度；在保持水泥强度不变的情况下，可以增加混合材的掺量，降低水泥生产成本，改善水泥与外加剂之间的相容性。

（3）改进外加剂的掺用方法。

减水剂等外加剂对水泥相容性差的主要原因之一是水泥中C_3A等矿物的强烈吸附作用。改变外加剂的掺入时间，如采用后掺法、分批添加法等措施掺用外加剂，可改善混凝土现场施工时的工作性，混合料的流动性比同掺法高一倍左右；在工作性相同的情况下，则可节省减水剂用量。实验室工作中，采用外加剂造粒或者多孔介质吸附/缓释等工艺也取得了较好的外加剂使用效果。

（4）使用反应性高分子化合物。

反应性高分子作为外加剂，可在水泥水化形成的碱性环境中缓慢反应，同时减少混凝土坍落度的经时损失,改善混凝土的工作性。

(5)使用磨细掺料取代部分水泥。

该方法可以减少胶凝材料中的水泥用量,减缓水化产物的生成,有助于改善水泥与外加剂的相容性,减小坍落度损失。

4.1.4 时间、气候条件

搅拌完的混凝土混合料,随着时间的延长而逐渐变得干稠,工作性变差。其原因是一部分水供水泥水化,一部分被集料吸收,一部分水蒸发,因此自由水量减少,再加上凝聚结构的逐渐形成,致使混凝土混合料的稠度增大,流动性降低。周围环境的气温、湿度、风速等气候条件对混凝土混合料的工作性及其随时间的变化情况有明显影响,气温高、湿度小、风速大将加快混合料的流动性损失,根本原因是在相应条件下,水分蒸发及水化反应的速度都有所加快,流动性损失增大。因此施工中为保证一定的工作性,必须注意环境条件的变化,采取相应的措施。

4.2 黏聚性与保水性的主要影响因素

4.2.1 黏聚性

1.主要影响因素

根据混凝土混合料的离析机理,影响离析的主要因素实际上都可以归入:

①混凝土混合料的组成;

②作用于混凝土混合料的外部力量。

粗集料粒径增大,级配不良,针片状颗粒多,或者颗粒密度与砂浆密度差异较大,都会增加内部离析发生的可能性与速度,特别是在运动的情况下。砂石含水率对混凝土施工配合比有较大影响,应根据实际情况随时调整混凝土的施工配合比。

降低水灰比,适当提高水泥细度,避免水泥浆体数量过多或过少,都有利于从水泥角度改善混合料的抗离析性能。水泥存放时间不宜过长,否则可能受潮结块,需水量降低,也可能造成外加剂的相对过量,特别是北方冬歇期结束后一段时间更应注意此类问题。

外加剂特别是高效减水剂的使用可显著降低水灰比,增大混凝土黏聚性,有利于减少混合料的离析;但应注意作为流化剂使用时不宜过量,否则混凝土容易出现抓底、板结等离析现象。掺入引气剂或粉煤灰、火山灰等磨细掺合材具有降低离析的作用,原因应与胶材浆体内聚性的提高有关,具体表现为黏度系数 η 的增大,但应注意起缓凝、保塑作用的外加剂掺量应严格控制,特别是糖类、磷酸盐类缓凝剂过量时,也容易造成混凝土离析现象的发生。

混凝土混合料在搅拌、运输、浇注、振捣等施工操作时通常会产生动力性的各种外力,诸如冲击和震动等,目的之一就是提高混合料的均匀性,避免离析泌水的发生。只有不正常的处置方式或者设备不适宜于施工作业时,所施加外力才会过量,可能导致混凝土的离析发生,一般对于贫砂和少砂混凝土更为明显。

2. 防止离析的主要措施

混凝土混合料的离析是难以完全避免的,但可以采取适当措施减轻离析现象的发生及其危害性,其最基本要求是水泥浆或砂浆应具有合适的数量和质量,特别是具有较好的黏度,可起到增大浆体与粗集料间的黏结力的作用。此外,减小单位用水量,降低水灰比和坍落度,适当掺加引气剂、粉煤灰等,也可使混凝土的抗离析能力提高。简单列举如下:

①混凝土配合比设计中,水灰(胶)比不宜过大,砂率不宜过小,水泥用量不应过少,并尽量采用干硬性混凝土。

②使用级配好的集料,特别是要保证细集料中微粒成分的适当含量。粗集料的最大粒径适当,且与钢筋最小间距比例适当;大粒径粗集料的相对含量不宜过高。

③为防止漏浆,应使用能充分承受捣固作业、抗变形的坚固模板。

④不要使用已产生离析的混凝土,如发生离析,应重新搅拌充分后使用。

⑤浇注过程中应尽量避免长距离的自由下落以及沿斜面或平面滑移,特别是水平方向的加速运动。

⑥振捣器类型与混凝土混合料的工作性应匹配,过长时间的振捣也可能导致离析现象的发生。

4.2.2 保水性

1. 主要影响因素

影响泌水的因素基本都与混合料中材料的质量与数量有关,特别是细小颗粒的品种与数量关系密切,同时还受到外界因素的影响。泌水现象的发生实质上来自固体颗粒表面对水的吸附固定效果不足,因此可将各因素对泌水的影响规律总结为:混合料中固体表面积与水体积之比越大,则混合料的初始泌水速率越小,而引气剂等所形成细小气泡的表面积也具有近似作用。

水泥的矿物组成可在一定程度上影响泌水速率,其机理可能与不同熟料矿物的水化速度及粒子的大小和形貌有关。水泥细度越大,比表面积越高,则润湿表面所需的水量越多,同时水泥的水化速度随比表面积的提高而加快,反应初期所需要的化学结合水越多,因此对混凝土泌水现象的控制应该是有利的。但一些工程实践也表明,水泥用量的提高有时也会导致混合料泌水量的增大,原因可能是富混合料中集料颗粒"架桥"对泌水的阻碍作用也下降了。

粉煤灰的细度通常高于水泥颗粒,比表面积大,同时还可起到微集料充填的作用,因为对水分的吸附能力强,泌水通道也有所减小,通道长度则相应加长,因此粉煤灰无论是作为水泥中的混合材还是混凝土中使用的掺合材均可起到缓解混合料泌水的作用。

增大砂率不会明显增大固体颗粒的比表面积,集料颗粒的空隙率下降,有利于减小泌水的速度,同时混合料稠度增大,对泌水速率也有间接影响。

减水剂可以在相同坍落度的情况下降低拌合用水量,因此可同时减小泌水速率和泌水量;但减水剂掺量过大或缓凝过度,会造成混凝土混合料的严重离析和泌水现象,甚至在混凝土浇注、密实后还会出现,称为"滞后泌水"。引气剂则通过气泡壁膜对水的吸附作用来影响泌水。缓凝剂增加了泌水持续时间,泌水量加大,反之氯化钙等则使泌水速率和泌水量都减少。

强烈的机械作用会增加泌水,包括高速搅拌、重复搅拌、延长振捣时间等。适当的振捣和抹面作业有助于减少泌水,但对于贫混凝土或未凝结硬化的混凝土混合料才更加重要。

严重的泌水现象必须避免,但少量的泌水则不一定是有害的。只要泌水过程不受扰乱,表面水自由蒸发,可降低混合料的实际水灰比,防止混合料表面干燥，避免塑性收缩裂缝的发生，便于表面整修作业等。

2. 防止泌水的主要措施

①提高水泥细度，相应增大水泥的比表面积和需水量，可有效减少泌水现象的发生。

②提高水泥凝结硬化速度，有助于减少泌水现象。

③掺入粉煤灰、火山灰等磨细掺料，可提高混凝土的保水性而减少泌水。

④使用减水剂、引气剂等外加剂以减少混凝土的水灰比和单位用水量。

⑤增加细集料数量及细度。

4.3 含气量的主要影响因素

通常情况下，不掺用引气剂的混凝土混合料的含气量为1% ~2%，主要是在混合料搅拌过程中由表面物料的剪切移动所挟裹进入的，大小不均，形状也不规则。通过引气剂的掺用，在混合料中引入3% ~5%的细小、封闭气孔，可提高混凝土的抗冻性，同时还有利于改善混凝土混合料的工作性。在此情况下，水泥、粉煤灰、砂石料、减水剂、水灰比、搅拌工艺、环境温度等因素对引气量的影响不能忽视。

1. 水泥

通常而言，引气剂掺量相同情况下，硅酸盐水泥的引气量依次大于普通硅酸盐水泥、矿渣水泥、火山灰水泥。对于同品种水泥，提高水泥的细度或含碱量，增大水泥用量，都会导致引气量的减小。水泥用量每增加50 kg/m^3，混凝土的含气量减少1%。

2. 集料

一般来说，含气量随集料最大粒径的增大和砂率的减小而降低。此外，集料的颗粒形状、级配、细颗粒含量、炭质含量等对混凝土混合料的含气量也有一定影响；砂越细，细度模数越低，混凝土的含气量越小。

卵石混凝土的引气量一般比碎石混凝土大。天然砂的引气量大于人造砂，且粒径为0.15 ~0.6 mm的细颗粒越多，引气量越大。

3. 矿物掺合材

掺粉煤灰或矿渣细粉、沸石粉等磨细掺合材时，往往引气量很小，原因是掺合材中含有的多孔炭质颗粒或沸石结构对气体有显著的吸附作用,同时也需考虑细小颗粒对气泡结构的破坏,通过加大引气剂的掺量可在一定程度上解决此类问题。另一方面,采用优质粉煤灰的情况下,胶结材浆体的黏度提高、体积增大,有利于气泡的长时间保持,对于胶凝材料用量偏少的混凝土来说尤为重要。

4. 水灰(胶)比

水灰(胶)比太小,则混合料过于黏稠,不利于气泡的产生;水灰(胶)比过大,则气泡易于合并长大,并上浮逸出。因此,混凝土的水灰(胶)比(单位用水量)不宜过大或过小,可通过混合料的坍落度加以控制。

5. 搅拌合密实工艺

机械搅拌比人工搅拌引气量大,且随着搅拌速度的提高,或搅拌时间的延长,含气量明显提高,但搅拌速度过快,时间过长,反而会因气泡逸出而导致含气量的降低。

机械振捣特别是高频振捣也会引起气泡的逸出,从而导致含气量的减小,特别是混合料经过较长时间运输或静停的情况下。一般机械振捣时间不超过20 s。

6. 环境温度

温度对引气量的影响很大,温度越高,含气量越小。一般认为,环境温度每升高10 ℃,含气量可减少20% ~30%。其原因可能是气泡体积增大及砂浆黏稠度降低所导致的气泡逸出现象。

7. 外加剂

引气剂的使用是增加混凝土混合料含气量的最有效手段,掺量越高,含气量越大,但掺量过多会导致混凝土的强度显著降低。一般控制混凝土的含气量为3% ~5%。

某些外加剂与引气剂复合使用,会降低混凝土的含气量。因此,外加剂复配应经过试验确定。

4.4 凝结时间的主要影响因素

水泥加水混匀后,从塑性、易变形的浆体状态逐渐转化为坚固石状体,并将砂石集料等固体颗粒黏结成一个整体,在此期间,水泥浆体和混凝土的黏度系数 η 和极限剪应力 τ_0呈非线性上升趋势,但在整个结构转化过程中的增长过程仍然是渐进式的,没有结构-性能突变等形成的特征点。人为地在水泥浆体和混凝土混合料的水化硬化过程中设置了初凝、终凝时间点,目的是为了性能检测、对比和施工管理等方便,所依据的也正是物料中黏度系数 η 和极限剪应力 τ_0随时间的变化情况。正是因为这一原因,对水泥浆和混凝土混合料的凝结时间的影响因素及其作用效果也与物料流变特性的影响因素相似,但突出了水泥浆体和混凝土混合料获得一定塑性强度这一过程的时间特性。

1. 水泥品种

水泥品种对混凝土混合料的凝结时间有较大的影响。水泥中 C_3A、C_3S 的含量越高、细度越大、混合材含量越少,水泥凝结越快,相应混合料的凝结时间也越短。

2. 水灰(胶)比和单位用水量的影响

水灰(胶)比大,则水泥水化略有加快,但水化产物需要填充的空间也明显增大,因此水泥浆体的凝结时间延长。

3. 矿物掺合材

混凝土中所使用矿物掺合材对凝结时间的影响类似于水泥中所掺入的混合材,细小的掺合材微粒可以包覆水泥颗粒表面,并将水化产物彼此分开,因此具有降低水泥水化速度的作用。同等条件下,矿物掺合材的用量越大,混凝土的凝结时间越长,特别是采用大掺量粉煤灰的情况下可以考虑适量减少缓凝剂的剂量。

4. 外加剂

对混凝土凝结时间影响最显著的化学外加剂称为调凝剂,包括缓凝剂和速凝剂,适用于不同的使用目的。缓凝剂的作用效果与掺量有很大关系,掺量越大,缓凝剂的缓凝效果越明显,但过量使用会导致混凝土的凝结时间异常,出现长时间不凝或者效果相反出现速凝的状况。因此,应根据水泥品种、矿物掺合材的品种与掺量、环境温度湿度、施工要求等具体条件来调整缓凝剂的品种和用量。

5. 环境温度湿度

水泥水化反应速度随温度的提高而明显加快,水泥浆体和混凝土混合料的凝结时间也随之缩短;此外,高温环境下拌合用水蒸发速度加快,也是引起混合料凝结时间缩短的原因之一。比较而言,环境湿度的变化主要影响水分的蒸发速度,对水泥水化速度影响并不明显。

第5章 坍落度损失

5.1 坍落度损失的定义

坍落度损失，也称流动性经时损失，是指混凝土混合料的坍落度值随拌合后时间的延长而逐渐减小的性质。坍落度损失反映了混凝土混合料在一定时间延长的条件下能否保持所需工作性的性质，也是所有混凝土均会发生的正常现象，是自由水及外加剂等随时间而逐渐消耗的必然结果。

在现代商品混凝土的普及应用中，搅拌形成的混凝土混合料不能马上浇注，而是需要从搅拌站运输至工地，一般要经过1~2 h的运输时间，所以坍落度随时间的变化规律及其控制方法对于商品混凝土来说极为重要。一般建筑用的混凝土应根据配筋、壁厚、施工性能等情况，合理选择坍落度范围。坍落度过大，则泵送过程中易于发生离析或堵管，并可能在硬化过程中出现塑性收缩裂缝，因此施工坍落度最好不大于220 mm，即使是免振捣混凝土一般也不宜高于240 mm；坍落度过小，则泵送操作困难，因此泵送混凝土的施工坍落度不宜低于140 mm。比较而言，对于不需泵送的混凝土混合料，集料最大粒径40 mm时其坍落度为50~100 mm。混凝土设计过程中，可根据国家现行标准《混凝土结构工程施工及验收规范》(GB 50204)的规定选用坍落度，见表5.1。

表5.1 不同泵送高度入泵时混凝土坍落度选用值

泵送高度/m	30以下	30~60	600~100	100以上
坍落度/mm	100~140	140~160	160~180	180~200

需要注意的是，上述坍落度要求仅可满足混合料的施工要求，在混凝土混合料的设计、试配时必须考虑坍落度损失的影响。即使初始坍落度(搅拌机出口取料)合格，如未考虑长距离运输所需的坍落度损失，施工坍落度仍可能无法满足泵送、振捣等要求。据统计，泵送混凝土由于使用了大剂量减水剂以

增大坍落度,其30 min坍落度损失达30~40 mm,1 h约损失80~100 mm;同样条件下,非泵送混凝土的坍落度损失在1 h时仅为10~20 mm,远远低于泵送混凝土。国家标准《混凝土质量控制标准》(GB/T 50164)规定,混凝土混合料的坍落度经时损失不应影响混凝土的正常施工,对于泵送混凝土而言,其坍落度经时损失不宜大于30 mm/h。实际生产中,可根据环境条件参考表5.2选用合适的坍落度损失值。

表5.2 混凝土坍落度经时损失参考值

大气温度/℃	10~20	20~30	30~35
坍落度1 h经时损失 (mm,掺粉煤灰和木钙)	5~25	25~35	35~50

5.2 坍落度损失的机理

对于一定条件下使用的混凝土,引起坍落度损失的原因不尽相同,或者是某种特定原因如外加剂的相容性问题,或者是某几个原因共同起作用。但总体而言,这些原因可分为物理作用和化学作用两个方面,哪方面起主要效果应根据具体情况具体分析。

5.2.1 物理机理

1. 用水量的影响

水泥完全水化大约需本身质量23%的水,标准稠度用水量则为25%~28%,但对于混凝土混合料来说,所加入水量远大于此数值,其中相当大一部分是用于改善浆体的流动性,称为自由水。除了自由水之外,混凝土混合料之中的水分还可以结合水或吸附水形式存在,但因与固体骨架的结合紧固,无法自由移动,因此不能起到改善混凝土流动性的作用。

在水化过程中,结合水、吸附水和自由水的量并不是固定不变的,结合水和吸附水不断增多,而自由水的量则越来越少,其原因主要包括以下几个方面。

(1)水泥水化。

水泥熟料及混合材、掺合材的水化过程中都需要消耗一定量的水，同时，水化过程使体系的表面积增大(未水化水泥约 3.2×10^3 cm^2/g，水化产物约 2.0×10^6 cm^2/g)，可吸附更多的水。临近终凝时，水泥水化结合水的比例可达总用水量的4%～5%，而吸附水则可达到15%～20%；这些水量都是从自由水转化而来，必然对混合料的流动性产生影响。

(2)水分损耗。

在施工过程中，随着表面水分向大气中的蒸发，内部水分则向表面迁移加以补充。水分蒸发速度与环境温度、湿度、风速以及水的黏度等因素有关，同时还要受到抹面状态、表面遮盖情况等影响，一般为0.2～1.0 $kg/(m^2\cdot h)$。

(3)集料吸水。

集料的含水量会计入在混凝土配合比设计中，但是，由于集料通常不是处于水饱和状态，因此遇水后会逐渐吸收一部分水量，对于轻集料或多孔集料尤其如此。集料的吸水需要一个缓慢的过程，在此期间，混凝土的坍落度损失逐渐增大。

2. 含气量的影响

作为固-液-气三相分散体系，混凝土混合料中的含气量一般为1%～2%，引气后可达3%～5%。这些空气主要以微小的球形气泡形式存在，通常吸附于固体颗粒表面，在物料内部发生相对位移时可起到“滚珠轴承”作用，减小了颗粒之间的摩擦阻力，改善混凝土混合料的流动性和塑性变形能力。有关试验资料表明，空气含量每增加1%，对混合料流动性的影响相当于增加用水量3.0%～3.5%。由于密度显著低于浆体，比表面积也大，因此混合料中的气泡在运输和浇注过程中倾向于上浮、合并或破裂，即随时间的延续，混合料中的含气量会逐渐降低，影响其对工作性的作用效果。

3. 减水剂的影响

随着水化过程的进行，对工作性起改善作用的减水剂因吸附于水泥颗粒及水化产物表面而逐渐减少，液相中减水剂浓度明显降低，对水泥的分散作用减弱，也会造成坍落度损失增大。

5.2.2 化学机理

与水拌合之后，水泥熟料矿物开始发生水化反应，但不同熟料矿物的水化速度也有较大差异，其中以 C_3A 和 C_3S 的水化速度最快，相应的水化产物包括钙矾石（AFt）、$Ca(OH)_2$、水化硅酸钙凝胶 C-S-H 等。这些细小的固体颗粒数量不断增加、体积增大，同时表面还会吸附一层水膜，因此自由水的量逐渐减少，固体颗粒不断靠近，内摩擦阻力提高，表现为混凝土混合料黏度的明显增大，这是引起混凝土坍落度损失的根本原因之一。

也有研究认为，混凝土混合料的坍落度损失源自其触变特性，即混合料在静止不动时呈凝聚状态，受力时转变为流动状态，其实质是混合料内网状絮凝结构的流变特性所决定的。随着时间的延续，絮凝结构的塑性强度越来越高，黏性系数越来越大，也表现为混合料的坍落度损失增大。适量加入表面活性剂，在分散作用影响下，混凝土混合料可表现出更强的触变性，流动性增大，或者在相同流动度条件下，体系黏度加大，也会造成混合料的坍落度损失。随着时间的延续，水化产物数量不断增多，固体比表面积增大，所吸附的混凝土外加剂也越来越多，相对应的是液相中外加剂的浓度明显降低，其分散、减水、流化等作用被逐渐削弱，结果造成混凝土坍落度损失加大。

5.3 主要影响因素

造成混凝土坍落度损失的原因很多，如水泥种类与细度，配合比，矿物掺合材，减水剂种类与掺入方式，环境温度、湿度，搅拌工艺等。

5.3.1 水泥种类与细度

水泥性能对混合料坍落度经时损失的影响首先表现在对水泥凝结时间的影响，对于以硅酸盐水泥熟料为主要成分的水泥来说，C_3A、C_3S 的含量越高，细度越大，则水泥的水化速率越快，相应流变参数 τ_0、η 随时间的增长速率越大，引起混合料的坍落度损失增大。另一方面，水泥熟料矿物对减水剂也有一定的吸附作用，可导致液相中减水剂浓度降低，影响减水剂的使用效果，例如对絮凝结构的分散作用，结果导致坍落度减小。试验表明，不同的水泥熟料矿物对减水剂的吸附作用强弱也有所差异，其中以 C_3A 和 C_4AF 对减水剂的吸附量最大，特别是在石膏用量较大的情况下，而 C_2S 的吸附能力相对最小，因此不同熟料矿物组成的水泥配制的混凝土混合料，其坍落度损失情况也有所不同。

碱含量高(>1%)、比表面积大的水泥,拌制出的混凝土混合料坍落度损失快,原因可能与外加剂的稳定性及吸附情况有关。此外,采用硬石膏、磷石膏为缓凝剂,或者在水泥粉磨过程中温度过高导致部分二水石膏脱水,都可能使坍落度损失难以控制或者损失速度加快,特别是采用木钙等作为减水、引气或缓凝组分时。

水泥中采用活性大或需水量比高的混合材将使坍落度损失加快,反之石灰石粉、矿渣、粉煤灰等则有利于减小坍落度损失。

5.3.2 集料

通常情况下,集料与水不发生反应,但可以利用自身表面吸附水分、使其不能自由移动,结果导致可自由移动水量的减少,混凝土的流动性随之降低。

集料对坍落度损失的影响与吸水速度有关。吸水速度快,则吸水过程在搅拌阶段就已基本完成,出搅拌机后的运输、浇注、密实过程中混凝土混合料就不会表现出明显的坍落度损失;吸水速度很慢,甚至迟于混凝土的初凝时间,则集料吸水现象不仅对混合料的坍落度损失影响不大,甚至可以帮助混凝土减少在静置、固化过程中泌水等现象的发生。只有集料吸水过程集中发生在拌水后的1~2 h,对混凝土混合料坍落度损失的影响是最显著的。

5.3.3 配合比

单位用水量的提高有利于改善混凝土混合料的流动性,但会相对降低胶结材浆体的内聚性,在静置及流动变形过程例如泵送时,导致离析现象的发生,甚至出现堵管等。

随着水灰(胶)比的提高,尽管水泥水化速率有所提高,但由于水化产物的相对浓度较低,形成絮凝结构的难度较大或结构较为松散,因此混合料的坍落度大且随时间的降低速度较慢。

合适的砂率能保证混凝土具有良好的工作性和强度。传统配合比设计方法认为砂率越低强度越高,但显然不能满足混凝土的良好工作性的要求,同时也容易产生离析、泌水、板结等不良现象的发生。另一方面,实践也表明,砂率高时,坍落度损失也较快,因此应根据施工条件要求,合理选择砂率。

5.3.4 矿物掺合材

磨细矿物掺合材的使用可降低混凝土混合料中水泥的相对用量，降低水泥水化速率，因此有助于减小混凝土混合料的坍落度损失。实践表明，掺入部分粉煤灰有利于改善混凝土的内聚性，减小坍落度损失，避免泌水现象的发生。粉煤灰掺入混凝土后，除了可以取代部分水泥外，还可代替部分细集料的作用，即降低砂率，从而减少了细集料对输送管壁的摩擦。同时，粉煤灰中的细小球形颗粒可使混凝土在不增加用水量的情况下提高工作性，同时又增加了混凝土中胶结材料的总量，因此具有流动性大、黏聚性好、泌水少、坍落度损失小等优点。

除粉煤灰外，矿渣粉等磨细矿物掺合材也可用于改善混凝土的离析现象，但应注意以下几方面问题：

(1)矿物掺合材的需水量比应小于100%，否则坍落度损失较快。

(2)矿物掺合材的活性适中，活性大时可使坍落度损失加快。

(3)矿物掺合材的细度适中，比表面积过大将使混凝土用水量增大、坍落度损失提高。

5.3.5 外加剂

1. 外加剂种类

(1)减水剂。

一般情况下，掺入减水剂后混凝土混合料的坍落度经时损失增大，如图5.1所示，在使用高效减水剂的情况下则效果更加明显。在工程实践中，少量超塑化剂(一种高效减水剂，在用水量不变的情况下使用)即可大大改善混凝土混合料的工作性，几分钟内混合料的流动性即显著增大；与初始坍落度50 mm的参照混合料相比，掺用超塑化剂的混合料其坍落度可达200 mm以上，同时也没有离析泌水方面的表现，但这种良好状态的持续时间一般不会超过30～60 min，此后混合料很快开始失去流动性，坍落度大大减小，离析、缓凝严重。

具体原因可能包括如下几个方面：

①减水剂的使用提高了水泥粒子的分散度，水泥早期水化速度加快，水泥

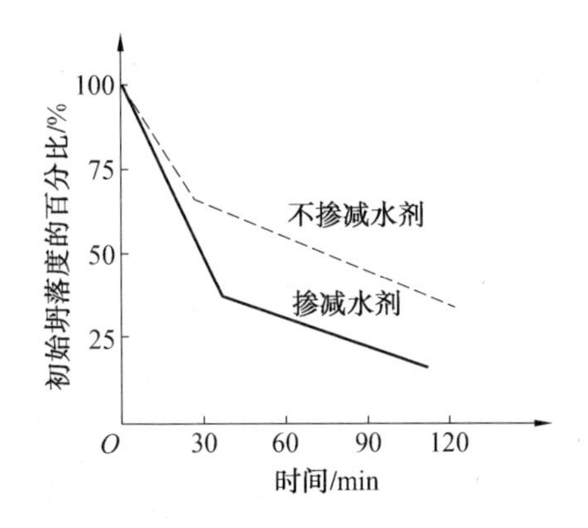

图5.1 掺减水剂时混凝土的坍落度经时损失

浆和混合料的稠度随之增大,导致坍落度加速降低。

②引气型减水剂所产生的气泡在搅拌、运输过程中不断溢出或合并,丧失了原有的润滑作用,导致坍落度降低。

③水泥熟料矿物对减水剂的吸附作用导致液相中减水剂浓度降低,对水泥起分散作用的减水剂用量不足,也可造成坍落度减小。

(2)引气剂。

引气剂在混合料中引入的细小气泡起到分散和润湿作用,还可增大混合料中塑性浆体的体积,因此可显著改善混凝土的工作性。但在商品混凝土生产中,混合料经长时间的搅拌、运输过程,气泡合并、上浮并溢出,混凝土含气量减小,"滚珠"效应降低,导致坍落度损失增大。对比而言,传统混凝土施工工艺中,混合料的运输是静态的,而且时间较短,气泡不容易溢出,由此引起的坍落度损失不明显。

(3)缓凝剂与保塑剂。

在高效减水剂中复合其他外加剂,是目前最常用、最简便,也是最有效的控制坍落度损失的措施之一。实践表明,高效减水剂与缓凝剂复合使用,可使混凝土混合料在施工浇注前不会因水化而明显降低流动性,有助于解决坍落度损失问题。木质素磺酸盐的价格低廉,可与必要数量的高效减水剂复合使用;羟基羧酸盐如柠檬酸、葡萄糖酸、酒石酸、草酸及其衍生物等,可单独或混合与高效减水剂复合以控制坍落度损失,由于此类化合物可强烈抑制水泥早期水化反应,特别适用于高温季节施工。研究中将高效减水剂与缓凝剂和保塑剂复合,更能有效地减少大流动性混凝土的坍落度损失。

2. 外加剂掺入方式

采用后掺法、多次掺入法或在浇注前掺入减水剂的方法,可减少坍落度损失对混凝土工作性的影响。根据高效减水剂的减水效率和水泥的活性,减水剂的初次掺量一般为总掺量的60% ~75%。实践表明,两次添加高效减水剂是解决运输时间过长或气温过高等原因引起坍落度损失过大问题的有效措施,必要时还可采用多次添加外加剂的方法。但由于施工条件、材料来源、施工成本等因素的影响,上述措施在实际施工中难以采用。

利用天然沸石粉具有的多微孔结构、比表面积大、表面吸附能力强等结构-性能特点,将其用于负载高效减水剂,在混凝土混合料中可以逐渐将吸附的高效减水剂缓慢释放到混合料中,达到控制混凝土坍落度损失的目的。

5.3.6 环境温度和湿度

环境温度高,则水泥水化速率提高,水分蒸发速度也有所加快,致使混合料的坍落度损失增大。特别是在加水拌合开始的30 min里,环境温度引起的坍落度损失要大大高于水化反应造成的坍落度变化。据测定,环境温度每提高10 ℃,混凝土混合料的坍落度约减少20 ~40 mm。工程实践表明,环境气温低于10 ℃时,混凝土坍落度损失较慢甚至不损失;15 ~25 ℃,由于气温变化大使坍落度损失难以控制;气温达到30 ℃以上时,水泥的凝结时间并不进一步加快,同时气温变化范围小,因此坍落度损失反而容易控制。

混合料周围干燥,湿度小,则水分的蒸发速度也增大,也会增大混合料的坍落度损失,且会导致混合料易抹平性下降甚至表面开裂。

5.3.7 搅拌、运输方式

与人工搅拌、静态运输相比,采用机械搅拌、边搅拌边运输的方式有助于减少混凝土混合料的坍落度损失。

5.4 控制坍落度损失的主要技术措施

混凝土的坍落度损失可能是由某一种原因引起的,也可能是多种原因共同作用的结果。对于某种原因引起的混凝土坍落度损失可以采取某一种技术措施或几种技术措施来解决,而某一技术措施可能只对某种原因所造成的坍落度损失有效。因此,控制混凝土的坍落度损失应该首先分析坍落度损失的主要原因,才能有的放矢地采取有针对性的技术措施,用最低的经济技术成本,取得最好的效果。以下给出的措施可单独使用或复合使用,但必须首先满足减水率和缓凝效果两个首要指标。

1. 提高初始坍落度

通过增大流化剂(高效减水剂)的掺量,优化最佳砂率,掺入优质粉煤灰等技术手段,提高混凝土混合料的初始坍落度,即使在搅拌、运输过程中坍落度损失仍维持原有水平甚至略有增大,在现场施工入泵时混合料也可以保持足够的流动性,保证后续施工工序的顺利进行。

2. 改善外加剂的相容性

外加剂与水泥之间或者复合使用的外加剂之间的相容性问题是造成混凝土混合料坍落度损失的重要原因之一。必要情况下,重新选择胶凝材料或者外加剂,使其能够相互匹配,协同作用,保证外加剂的使用效果。容易出现与水泥相容性问题的减水剂主要是萘系或三聚氰胺系列,缓凝剂、引气剂方面则以木钙类外加剂的相容性问题较为普遍。

3. 适当延缓胶凝材料的水化

掺入缓凝剂,优化缓凝剂的组成和剂量,必要时还可采用矿物掺合材取代部分水泥,这些技术手段都可以明显减小混凝土的坍落度损失,而且不会给施工过程带来困难,因此生产实践中经常采用缓凝剂和大掺量矿物掺合材控制混凝土混合料的凝结时间和坍落度损失,但需避免缓凝剂过量带来的长时间不凝等问题。另外也应注意缓凝剂并非在所有情况下都可以取得良好的作用效果,由于引起坍落度损失的因素很多,影响程度也各不相同,缓凝剂只是从延缓水泥水化的角度发挥作用。

4. 控制混合料中气泡含量

普通混凝土的含气量一般为1%~2%,但多以较大的不规则形状存在,对混凝土的性能不利,可考虑掺入适量的消泡剂以减少此部分气泡含量。抗冻混凝土通过引气剂的作用将含气量提高到3%~5%,且气泡独立、封闭,尺寸100~1 000 μm;比较而言,较大的气泡更容易上浮,因此除了改进搅拌参数以减少大气泡的存在，还应采取措施提高气泡的稳定性、避免小气泡的合并。采用木钙配制泵送剂时，其掺量不得超过0.25%，同时复合稳泡剂；采用高效缓凝引气减水剂时应同时掺稳泡剂。此外，适当增大水泥浆的黏度对于气泡的稳定性也是有利的。

5. 集料进行预吸水处理

混凝土的坍落度损失是一个过程，与集料的吸水能力有一定关系，如集料的吸水过程在搅拌结束前就已基本完成，不会对混凝土的坍落度损失产生显著影响。在拌制混凝土之前洒水使集料充分湿润，将集料的吸水过程提前，可以有效消除因集料吸水带来的坍落度损失。

集料预吸水处理时应注意控制洒水量不超过集料的饱和吸水量，采用两次或多次洒水的效果更佳，同时应将集料翻匀并采取措施避免集料的颗粒离析。

6. 增强混凝土的保水能力

调整混凝土的配合比，增大粉煤灰、硅灰等超细掺合材的用量，掺加适量天然沸石粉、硅藻土等多孔性吸附材料，引入具有保水、保塑、增稠等功能的化学组分，等等。这些措施都可以提高混凝土的保水能力，减缓混凝土的坍落度损失。一般来说，天然沸石粉等矿物质外加剂的用量不宜超过水泥质量的10%，而纤维素醚等增稠保塑剂在0.2% ~0.3%掺量下即可取得较好的使用效果。

第6章　混合料常见工程问题与案例

工业化生产中,受多种因素的影响,即使在正常的生产条件下,混凝土的质量也会有一定程度的波动,无法始终保持同一水平。先进的质量管理体系能够在充分保证混凝土混合料各施工性能的基础上,通过严格、完善的管理制度,充分发挥原材料的性能潜力,尽量减小混凝土混合料及硬化后混凝土的质量波动,使生产平稳流畅,同时降低混凝土的生产成本,取得可观的经济效益。本章将主要讨论混凝土混合料的质量控制、常见工程问题与对策以及实际生产过程中出现的工程实例特别是质量教训。

6.1　混凝土混合料的质量控制

6.1.1　原材料的质量控制

控制混凝土的质量,首先是对原材料进行严格的质量控制,应遵循的最基本原则包括:

所有进场的原料必须附有质量证明文件,包括形式检验报告、出厂检验报告与合格证等,外加剂还应提供使用说明书;进场后、使用前应进行复检,合格后方可使用。

进场材料须有相应的记录,记明其强度等级、名称、规格、数量以及供应商情况等。材料档案留存时间不少于1年,以备出现工程问题时调阅。

对于初次使用的对混凝土质量有重要影响的水泥、高效减水剂等材料应在材料供应地抽样,经检验合格后再进货,避免退货带来的时间延误。进场水泥不仅要看其出厂检验报告,还要向生产厂家了解混合材料及石膏的品种、掺量。水泥应按厂家、品种和强度等级分别储存,并采取适当防潮措施,结块水泥不得用于混凝土工程;水泥出厂超过3个月(硫铝酸盐水泥为45天),须经检验合格后方可使用。尽量避免不同品种、强度等级的水泥在同一筒仓存放,不得已情况下,应注意充分排空筒仓中余料,做好相关档案记录,及时调整配合比。水泥质量如未出现明显波动,尽量少地更换水泥品种、强度等级或者生产厂家,有利于保证混凝土的质量。

砂石属大宗地方材料,事先应对砂石产地或供应地进行考察,进场时抽样检验以确定其质量状况。其中碎石往往以单粒级供货,应将两种或两种以上的单粒级粗集料进行复配,使其符合级配要求。砂石堆场应注意防雨、排水,随砂石含水状态的变化,应及时调整混凝土施工配合比。对于重要工程,或不能确定砂石是否具有碱-集料反应活性时,应通过试验验证。

矿物掺合材也要有相应的合格证或检验报告,并分批进行复检,必要时做化学分析。粉煤灰如为湿排灰,应注意粉煤灰含水状态及其对混凝土配合比的影响。存放矿物掺合材时应注意防潮防雨,不得与水泥混杂堆放,存储期超过3个月时应进行复检。

外加剂的品种繁多、性能各异,进场前应由生产厂家提供其性能指标的试验报告结果,不可盲目使用。以减水剂为例,其减水率、泌水率比、收缩率比、抗压强度比及凝结时间差等必须合格,并与水泥具有良好的相容性。进场的外加剂应进行复检,并进行相应的混凝土试配试验。必须防止不同外加剂的混用。

设计配合比前必须对矿物掺合材本身的质量状况及其在混凝土中的作用有明确认识,以便扬长避短、合理使用。水泥筒仓及掺合材料筒仓应予编号,并做好进场记录,保证先进的水泥先用。配料员配料后,由质检员对材料品种、规格、用量予以复核,防止用错材料。

6.1.2 工作性的控制

良好的混凝土工作性是获得均匀密实混凝土构筑物的重要条件,生产实践也表明,工作性是最容易出问题的,也是使用单位提意见最多的,因此应及时控制工作性,使其满足施工要求。

在配合比设计和试配时必须试验其工作性,对工作性不良的情况,应根据具体情况调整配合比设计,使其符合要求,如改善砂石级配、增加胶凝材料用量、提高砂率或加入引气型减水剂等。在坍落度试验的同时,检测混凝土的工作性是否合格,同时注意观察混凝土的黏聚性及保水性情况;当混凝土混合料发生崩坍、散落、离析，或者泌水量偏大时，即使坍落度值符合要求，也表明混合料的工作性不良。

混凝土开始生产后，应尽快在搅拌地点及浇注施工现场进行坍落度试验，以确定其工作性是否符合要求，如发现不合格，应尽快找出原因、研究对策，调整配合比并再次进行试配试验，直到工作性合格为止。

调整和改善混凝土工作性的可行措施可归纳为：

(1)当混凝土流动性小于设计要求时，为了保证混凝土的强度和耐久性，不能单独加水，必须保持水灰比不变，增加水泥浆用量。但水泥浆用量过多，则混凝土成本提高，且将增大混凝土的收缩和水化热等，因此可考虑采用适量磨细掺合材等量或超量取代部分水泥。

(2)当坍落度大于设计要求时，可在保持砂率不变的前提下，增加砂石用量。实际上相当于减少水泥浆数量。

(3)改善集料级配，既可增加混凝土流动性，也能改善黏聚性和保水性。但集料占混凝土用量的75%左右，实际操作难度往往较大。

(4)掺减水剂或引气剂，是改善混凝土工作性的最有效措施。

(5)尽可能选用最优砂率，当黏聚性不足时可适当增大砂率。

6.1.3 坍落度损失的控制

混凝土的坍落度损失是施工中必须控制的项目。由于容易受到多种内在、外来因素的影响，坍落度损失波动明显，不易控制。应注意减水剂与水泥、矿物掺合材之间的相容性情况，以及多种减水剂、外加剂复合使用时的相容性；气温等因素对坍落度损失的影响也应通过试验确定。试验表明，在原材料、气温等因素相同的情况下，大流动性混凝土坍落度损失较小，塑性和流动性混凝土损失较大。控制混合料坍落度损失的主要工艺措施参见5.4节。

6.2 常见施工问题与对策

6.2.1 初始流动性过小

混凝土混合料的流动性(稠度)过大或过小，是实验室、搅拌站以及混凝土施工现场经常出现的工程问题。一般情况下,如混凝土凝结时间符合工程要求,并保证混合料没有明显分层离析和流浆泌水,混凝土混合料流动性(稠度)即使高于预估值,也仍然是可以接受的。反之,混凝土混合料如流动性(稠度)不足,则可能影响正常的浇注(泵送)、振捣等施工操作,结果导致混凝土结构出现蜂窝、麻面、脱筋等严重缺陷。因此,本节首先讨论混凝土混合料流动性(稠度)偏低问题,并将混凝土混合料的流动性(稠度)分为初始流动度(出站流动度)和现场流动度(施工流动度)加以讨论。

实际施工过程中,应综合考虑实际施工条件、使用环境、流动性经时损失、运输距离、振捣方式、环境温湿度等各方面因素确定混凝土混合料的初始流动性。对于泵送施工的普通混凝土来说,泵机入口处实测坍落度(即现场坍落度)通常在 120 mm 以上,而搅拌站初始坍落度(即搅拌机出口处混合料的坍落度,也称出站坍落度)一般控制在 200±20 mm。除上述因素外,还应根据楼层高低以及施工部位等因素加以调整,但原则上不大于 230 mm;大体积混凝土在满足施工要求的前提下尽量减少坍落度,原则上控制初始坍落度在 180±20 mm;道路、地坪用混凝土在泵送情况下初始坍落度不宜超过180 mm,同时避免出现泌水、起灰或泛砂等不良问题;水下浇注混凝土除良好的工作性外,还应考虑包裹性、水下抗分离性等要求,初始坍落度宜控制在180±20 mm;高强混凝土初始坍落度可适当加大,一般在 220±20 mm,表面不能有明显浮浆。总体而言,夏季气温高,初始坍落度宜取上限值;气温相对较低的季节则取下限值。

混合料搅拌工艺对物料的流动性也有一定影响。传统的投料法是将砂、石、水泥、水和外加剂一次性倒进搅拌机内,干水泥颗粒被夹裹在砂石之间,不易均匀散开,遇水后会部分结成小团粒,影响流动性,同时也无法充分水化。二次投料法包括预拌水泥浆法、水泥裹砂法、水泥裹石法、水泥裹砂石法等,以水泥裹砂法最为典型和实用,具体工艺步骤是先将砂、水泥、部分拌合水(总量的 60% ~75%)和外加剂倒进搅拌机内,搅拌 1 min 后,再倒进碎石和剩余拌合用水,再搅拌 1.5 min。这样可保证水泥充分扩散,与砂石充分拌合并完全包裹砂石集料表面,混凝土的流动性较好,离析和泌水现象减少。据资料介绍,在配合比相同的情况下,采用二次投料法可以提高混凝土的早期强度,一般 3 d 强度平均提高约 20%,7 d 强度平均提高约 16%,28 d 强度约提高

16%。在强度相同的情况下,可节约水泥15%左右;同时混凝土混合料的流动度也有所提高,增大约15~20 mm,保水性有显著改善。

现实商品混凝土搅拌站岗位培训时,搅拌机操作工要求掌握的基本要点包括:当初始坍落度不足或偏高时加以补救的工艺措施,如坍落度不足,应增加多少水量;反之,当坍落度过高、出现离析泌水时,须加入多少干料。这些手段无疑流于简单粗暴,尽管行之有效,但由于水灰比的改变,混凝土的性能特别是强度将受到显著影响。根本之道,还应从混合料的配比及搅拌工艺等角度解决初始坍落度偏低的技术问题,可供参考的工艺路线简单归纳如下:

(1)适当增加混合料中浆体数量,例如水灰比保持不变的情况下,加大单位用水量,或采用粉煤灰取代部分水泥,等。应注意水泥强度等级不宜选择过高。

(2)严格控制粗细集料中针片状颗粒含量及含泥量。

(3)适当提高砂率。

(4)使用高效减水剂并适当提高掺量,采用引气型减水剂等。

(5)改进混合料搅拌工艺。

6.2.2 现场流动性偏小(坍落度损失大)

混凝土的浇注、捣固、养护等施工操作实际是在施工现场完成的,因此现场实测得到的混合料流动度对于混凝土的质量是真正重要的。混凝土加水拌合以后,起流动性保持作用的拌合用水因水泥水化、集料吸收、蒸发等原因不断减少,同时减水剂等外加剂因固相表面吸附等原因在水溶液中的浓度也逐渐降低,因此混合料流动性随时间不断减小的现象,即流动度经时损失是不可避免的必然趋势。但速度过快的流动性经时损失应予控制,否则不利于混合料各施工工序的正常进行。特别对于商品混凝土生产来说,混合料的初始流动性大、外加剂用量大、运输距离长、流水节拍紧凑,对流动性经时损失或称之为坍落度损失的要求更高。

1. 原因分析

(1)混凝土外加剂与水泥的相容性不良引起的坍落度损失加快。

(2)混凝土外加剂掺量不足,或缓凝、保塑效果不理想。

(3)气温过高,导致水分蒸发快,气泡易于外溢,某些外加剂在高温下失效等。

(4)初始坍落度太小,如单位用水量太少,或缓凝效果不佳等。

(5)不同水泥品种配制混凝土的坍落度损失快慢次序为:高铝水泥>硅酸盐水泥>普通硅酸盐水泥>矿渣水泥>粉煤灰水泥等。

(6)工地与搅拌站协调不好,压车、塞车时间过长,导致坍落度损失增大。

2. 解决措施

(1)调整混凝土外加剂配方,使其与水泥相适应。

(2)调整混凝土配合比,提高砂率与用水量,调整混凝土初始坍落度至200 mm以上。

(3)掺加适量粉煤灰,取代部分水泥。

(4)适量加大混凝土外加剂掺量,特别是环境气温高于正常状态时。

(5)防止水分蒸发过快、气泡外溢加速,例如用冰块取代部分拌合水。

(6)选用矿渣水泥或火山灰质水泥。

(7)改善混凝土运输车的保水、降温装置,合理调度。

6.2.3 离析泌水

对于商品混凝土来说,明显的离析现象会表现为抓底、粘锅、板结等不良现象,即混凝土混合料在输送车、泵车、管道内壁等处的大量附着,严重时泵送会发生堵管、爆管等恶性后果,即使泵送至模板中也会加重混凝土结构的不均匀性,上部出现砂浆层甚至浮浆层,凝结硬化后混凝土表面露出蜂窝、麻面、空洞等质量缺陷。

1. 原因分析

(1)混凝土工作性差,特别是黏聚性不佳。

(2)混凝土混合料的坍落度小,过于干粘。

(3)混凝土混合料抓底、板结。

(4)高效减水剂过量导致坍落度过高,混合料在泵送时发生离析,但不缓凝。

(5)采用单粒级石子,级配不良,或石子粒径相对泵送管道内径而言尺寸过大。

(6)针片状颗粒含量多。

(7)胶凝材料少,砂率偏低。

(8)混凝土搅拌不均匀,水泥成块。

(9)泵车压力不足,或是管道密封不严。

(10)混凝土运输车搅拌性能不佳,运输距离过长,停放时间太久。

(11)运输过程中或卸料时随意向运输车内加水。

(12)弯管太多。

(13)管中有异物,影响泵送。

(14)第一次泵送混凝土前未用砂浆润滑管壁。

2. 解决措施

(1)混凝土配合比中引入适量矿渣微粉或粉煤灰,提高胶结料的保水性。

(2)混合料中适量引气,控制混凝土水灰比。

(3)改善运输车性能,卸料前中高速搅拌以提高混合料均匀性,不得随意向混合料中加水。

(4)检查混凝土输送管道的密封性和泵车的工作状态,保证其能良好工作。

(5)检查管道布局,尽量减少弯管,特别是≤90°的弯管。

(6)泵送混凝土前,一定要用砂浆润滑管道。

(7)检查石子粒径、粒形是否符合规范及泵送要求。

(8)改善混凝土集料级配,适当提高砂率和细石粉的比率。

(9)检查入泵处混凝土混合料的工作性,砂率是否合适,有无大的水泥块,混合料是否泌水、抓底或板结等现象;若有,应及时采取相应的措施加以解决。

(10)检查入泵处混合料坍落度、黏聚性是否足够,坍落度不足则适量提高外加剂用量或在入泵处添加适量的高效减水剂,黏聚性不足则适量增大砂率或掺入部分Ⅱ级以上粉煤灰。

(11)检查混凝土的初始坍落度是否≥200 mm,如因坍落度损失过大引起的堵泵、堵管现象,应首先解决坍落度损失问题(见6.2.2节)。

6.2.4 可泵性差

离析现象会严重影响混凝土混合料的泵送性能,但并非造成混合料可泵性差的唯一原因。粗集料粒径过大或混入异常杂物等都会对混合料的泵送施工产生明显影响,导致泵压升高、泵送后组分离析等技术问题,甚至引起堵泵、堵管等严重事故。

1. 形成原因

(1)混凝土配合比不符合泵送工艺对混凝土工作性的要求。

(2)水泥用量偏低。

(3)砂石级配不当,空隙率大。

(4)砂率过小,坍落度过大,混凝土离析。

2. 预防措施

(1)泵送混凝土中应使用合适品种、掺量的外加剂,尽量采用减水型塑化剂等以降低水灰比,改善混凝土的可泵性。

(2)根据原材料质量、混凝土运输距离、混凝土泵的型号种类、输送管径、泵送高度距离、气候条件等具体参数合理选择混凝土配合比。

(3)集料品质应符合国家现行标准,采用连续级配,严格控制针片状颗粒质量分数(<10%),细集料宜采用中砂,砂率最好在0.35~0.45范围。

(4)泵送混凝土的水灰比为0.4~0.6,最小水泥用量宜为300 kg/m^3,坍落度最好在120~180 mm。

(5)碎石最大粒径与输送管内径之比,当泵送高度在50 m以下时不宜大于1∶3,泵送高度50~100 m时不宜大于1∶4;卵石混凝土,当泵送高度在50 m以下时卵石最大粒径与输送管内径之比不宜大于1∶2.5,泵送高度50~100 m时不宜大于1∶3,泵送高度超过100 m时,不大于1∶5。

6.2.5 不凝结、“开花”

混凝土浇注后局部或大范围内长时间不凝结,混凝土表面鼓包,俗称表面“开花”。工程实践中,混凝土超缓凝甚至不凝的现象大多出现于炎热夏季、缓凝剂使用不当的情况下。

1. 原因分析

(1)缓凝剂或缓凝型减水剂掺量过多。

(2)粉状外加剂分散不良,在混合料中吸水膨胀,造成表面“开花”。

2. 预防措施

(1)熟练掌握外加剂的品种、特性与使用技巧,并制定相应管理方案。

(2)不同品种、用途的外加剂应分别堆放,避免混用。

(3)粉状外加剂应保持干燥状态,避免受潮结块。

(4)外加剂掺量应根据配合比要求严格计量,正确使用。

3. 治理方法

(1)缓凝型减水剂用量过大所导致的凝结硬化延迟现象一般不影响混凝土后期强度,可适当延长养护时间,推迟拆模。

(2)已经“开花”的混凝土表面应剔除内容物,再进行修补。

6.2.6 表面塑性开裂

混凝土浇注后4小时左右,表面出现形状不规则的裂缝,中间宽、两侧细长,长度一般20~30 cm,也可长达2~3 m,宽度1~5 mm,长短不一、互不连贯,外观类似龟裂河床。常出现在干热或大风天气情况下,也可因混凝土自身温度长时间超过40 ℃而出现开裂。

1. 原因分析

(1)混凝土浇注后,表面没有及时覆盖,风吹日晒导致表面游离水分蒸发过快,导致快速的体积收缩,变形应力超过混合料塑性强度而产生裂缝。

(2)水泥的收缩率大,水泥用量过高或使用了过量的细砂。

(3)混凝土水灰比过大,模板过于干燥,也可能导致此类裂缝出现。

2. 预防措施

(1)严格控制水灰比和水泥用量,选择级配良好的粗细集料,减少空隙率和砂率,同时保证捣固密实,可有效降低收缩量。

(2)浇注混凝土前将基层和模板浇水湿透。

(3)混凝土浇注后应立即用潮湿材料覆盖裸露表面,并根据天气情况随时补充水分,认真养护,特别是在气温高、湿度小或风速大的场合。

(4)大面积混凝土应随时浇注,随时覆盖、养护,注意加强表面的抹压和养护工作。

6.2.7 麻面、蜂窝、孔洞

混凝土表面宏观缺陷主要包括麻面、蜂窝和孔洞等。麻面是指混凝土表面局部缺浆粗糙或出现许多小凹坑;蜂窝则是混凝土表面局部疏松,砂浆少、石子多,石子间空隙多而形成的蜂窝状孔洞;孔洞是混凝土结构内局部没有混凝土,或蜂窝巨大所形成的。尽管这些宏观缺陷出现于硬化混凝土中,但产生这些缺陷的主要原因却来自混凝土混合料。

1. 麻面的形成原因、预防措施及治理方法

(1)形成原因。

①模板表面粗糙或清理不干净,粘有干硬砂浆或其他杂物,影响硬化混凝土的表面光洁度。

②木质模板在混凝土浇注前没有浇水湿润或湿润不够,浇注后木模板吸收所接触部分混合料中的水分致使混凝土表面局部脱水,起粉。

③钢模板脱模剂涂刷不均匀或漏刷,导致混凝土与模板粘连。

④模板接缝拼装不严密,浇注混凝土时从缝隙漏浆,混凝土表面沿模板缝隙位置出现麻面。

⑤混凝土捣固不密实,气泡未充分排出,部分气泡停留在模板表面形成麻点。

(2)预防措施。

①彻底清理模板表面,不得粘有干硬砂浆等杂物。

②木模板在浇注前,应清理干净并用清水充分湿润,不留积水。

③模板缝隙拼装严密,出现缝隙的部位可采用油毡条、塑料条、纤维板等堵严,防止漏浆。

④钢模板用脱模剂要涂刷均匀,不得漏刷。

⑤混凝土必须按操作规程分层均匀振捣密实,严防错漏,直至各层混凝土中气泡充分排出。

(3)治理方法。

出现麻面的混凝土表面应加以补修,具体是将麻面部位用清水冲刷,充分湿润后用水泥净浆或1∶2水泥砂浆找平。

2. 蜂窝的形成原因、预防措施及治理方法

(1)原因分析。

①混凝土配合比不当,或砂、石、水泥等计量错误,或加水量不准,导致砂浆少,石子多。

②混凝土搅拌时间短,不均匀,混凝土工作性差,振捣不密实。

③未按操作规程浇注混凝土，下料不当，石子集中，振不出水泥浆，造成混凝土离析。

④混凝土一次下料过多，没有分段分层浇注，振捣不实；或者下料与振捣配合不好，振捣不充分就开始下料，造成漏振而形成蜂窝。

⑤模板间隙未堵好，或者模板支设不牢固，浇注、振捣混凝土时模板移位，造成严重漏浆，形成蜂窝。

⑥振捣时间不充分，气泡未排除。

(2)预防措施。

①混凝土搅拌时应严格控制配合比，经常检查，确保材料计量。

②混凝土必须搅拌均匀，按规定控制延续搅拌最短时间，混凝土颜色一致。

③混凝土自由倾落高度不得超过2 m，如超过2 m，应采用串筒、溜槽等措施下料。

④应分层下料，每层厚度控制在30 cm左右，并分层捣固。

⑤混凝土振捣时，插入式振捣器移动间距应不大于作用半径的1.5倍，振捣器与相邻两段之间应搭接振捣3 ~5 cm。

⑥混凝土振捣时，应掌握好各点的振捣时间。振捣时间与混凝土坍落度有关，一般应控制在15 ~30 s/点。适当的振捣表现为：混凝土不再显著下沉，不再出现气泡，表面出浆呈水平状态，并将模板边角充满充实。

⑦浇注混凝土时，应经常观察模板、支架、堵缝等情况，如发现异常，应立即停止浇注，并在混凝土凝结前修整完好。

(3)处理方法。

先用水将蜂窝部位冲洗干净，然后用1∶2或1∶2.5水泥砂浆修补；破损严重部位，可先剔成喇叭口形，清水冲洗干净湿透，再用高一级强度等级的细石混凝土浇注捣实，加强养护。

3.孔洞的形成原因、预防措施及治理方法

(1)形成原因。

①钢筋或预埋件密集，混凝土无法进入，不能有效填满模板。

②未按顺序振捣混凝土，造成漏振。

③混凝土坍落度过小，无法振捣密实。

④混凝土中有硬块或其他大件杂物，或有工具、用具掉入。

⑤不按规程程序下料，或一次下料过多，来不及振捣。

(2)预防措施。

①粗集料最大粒径应满足规范要求。

②防止漏振，专人跟班检查。

③保证混凝土的流动性符合现场浇注条件，施工时检查每盘到现场的混凝土，不合格者坚决废弃不用。

④防止砂石集料中混有泥块、冰块等杂物，防止异物落入正在浇注的混凝土中，如发现杂物应及时清理。

6.2.8 施工缝

混凝土在施工缝处结合不好，有缝隙或夹有杂物形成缝隙夹层，影响结构物整体性。

1. 形成原因

(1)浇注混凝土前，未认真处理施工缝表面，浇注时振捣时间不够。

(2)在施工停歇间期有木块、锯末、沙土等杂物积存在混凝土表面，未能及时清理，再次浇注时杂物混入其中形成夹层。

(3)多次浇注形成结构整体，但混合料泌水明显，结合部未做有效处理而产生虚弱结合缝隙。

2. 预防措施

(1)用压缩空气或射水清除混凝土表面杂物及模板上粘着的灰浆。

(2)在模板上沿施工缝位置通条开口，以便清理杂物和进行冲洗，彻底清理干净后，再将通条开口封板，抹水泥浆或与混凝土相同配比的石子砂浆，再继续浇注混凝土。

(3)应严格控制混合料的泌水发生，对于泌水明显的混凝土，二次浇注间隔时间长的，应对接缝处界面进行妥善处理后再进行二次浇注。

6.2.9 缺棱掉角

混凝土制成的梁、柱、板、墙或洞口直角位置，出现混凝土局部脱落，不规整，棱角有缺陷。

1. 形成原因

(1)木模板在浇注前未湿润或湿润不够,浇注后混凝土养护不良,水分被木模板大量吸收,导致混凝土水化不充分,强度降低,拆模时棱角被粘掉。

(2)常温施工时,过早拆除侧面非承重模板,混凝土强度不足导致缺棱掉角。

(3)拆模时受外力作用或重物撞击,或保护不好,导致棱角受损。

2. 预防措施

(1)木模板在浇注混凝土前应充分湿润,浇注后应注意浇水养护。

(2)拆除混凝土结构侧面非承重模板时,应保证混凝土具有足够的强度。

(3)拆模时用力不得过猛、过急,注意保护棱角,吊运模板时严禁撞击棱角。

(4)加强成品保护,对于通道特别是通行、运料等常用的部位可用角钢等阳角保护混凝土,避免撞击。

6.2.10 露筋

钢筋混凝土内的主筋、副筋或箍筋未被混凝土包裹,全部或局部外露。失去混凝土包裹层的保护作用,钢筋在周围环境水、空气的作用下很快发生电化学锈蚀,损失力学强度,同时自身体积膨胀,进一步加剧混凝土的崩裂。

1. 形成原因

(1)钢筋垫块尺寸太小、位置移动甚至漏放,致使钢筋在自重或外力作用下挠曲变形,混凝土浇注振捣时形成的保护层厚度不足,拆模后露筋。

(2)钢筋混凝土结构断面偏小,钢筋过密,石子粒径过大等原因,导致石子卡在钢筋上,混凝土混合料不能充分包裹钢筋,导致钢筋密集处缺浆漏筋。

(3)配合比不当,导致混凝土离析,浇注部位缺浆或模板严重漏浆,造成露筋。

(4)混合料振捣时,振捣棒触碰导致钢筋移位后露筋。

(5)混凝土保护层振捣不密实,或模板湿润不够,混凝土表面失水过多,或拆模过早等原因引起混凝土缺棱掉角,漏出钢筋。

2. 预防措施

(1)浇注混凝土前,仔细检查钢筋位置和保护层的厚度是否准确,发现问题及时修正。

(2)为确保混凝土层厚度,要注意按间距要求固定好垫块,一般按 1 m 间距梅花状布置,钢筋密集处应增加垫块密度。

(3)为防止钢筋移位,严禁振捣棒撞击钢筋。

(4)混凝土下落高度超过 2 m 时,应使用串筒或溜槽下料。

(5)拆模时间应根据试块试验结果正确掌握,避免过早拆模。

(6)操作时不得踩踏钢筋,如钢筋有挠曲变形或脱扣者,应及时调直、绑好。

6.2.11 集料外露、颜色不匀、砂痕

1. 形成原因

(1)模板内表面材料密度过低或过高;混凝土砂率小,间断级配或单粒级,集料干燥或多孔,粗集料过多、过重等,均会产生集料外露。

(2)模板表面吸收色彩能力有差别,材料颜色不匀,使用氯化钙等影响颜色的化合物,钢筋或钢模板锈色污染等,会造成混凝土表观颜色不匀。

(3)由于与模板面平行的泌水,造成细颗粒离析形成砂痕;模板不吸水,施工时温度低,混合料泌水性大,细集料中砂不足,空气含量低,浇注速度过快,过振等,均会产生砂痕。

2. 预防措施

(1)模板应尽量采用具有相同吸水能力的内衬,防止钢筋锈蚀。

(2)严格控制集料级配,水泥、砂尽量使用同一产地和批号的产品,严禁使用山砂或深颜色的河沙,使用泌水性小的水泥。

(3)尽可能采用同一条件养护,结构物各部分物件在拆模之前应保持连续湿润。

6.2.12 裂缝

1. 产生原因

(1)结构尺寸超长而未采取留置后浇带措施。

(2)防水混凝土、膨胀混凝土的膨胀率不足。

(3)混凝土配合比不合理,单位用水量过大、水泥用量过高或外加剂失效。

(4)混凝土过振。

(5)养护不及时。

(6)结构拆模过早,荷载过大,造成超载破坏形成裂缝。

2. 预防措施

混凝土裂缝出现后,应根据设计允许裂缝宽度、裂缝实际宽度和裂缝出现的原因,综合考虑是否需要修理。一般对裂缝宽度超过 0.3 mm 或由于承载力不足产生的裂缝,必须进行处理。表面裂缝细、浅、数量较少时,可将裂缝清理干净,刷环氧树脂;对较深、较宽的裂缝,须剔开混凝土保护层,确定裂缝的深度和走向,然后采用压力灌注环氧树脂。

6.3 工程实例

本节将结合工程实例,对混凝土混合料生产、施工过程中出现的典型工程案例及其处置方式加以说明、讨论。

【实例 1】水泥混用造成混凝土开裂

某工程冬歇期后提前开工,原定水泥厂存货有限,另找货源补充不足;C30 混凝土浇注顶层楼板,拆模后发现混凝土表面色泽不一,色块边缘位置同时出现较大量裂纹。

技术分析:预拌混凝土采用不同厂家、不同型号的水泥,由于水泥凝结时间不同、需水量高低有别、收缩不一致、颜色也有差异,结果导致色差和裂纹。

解决方案:待裂纹发展一个月,基本稳定后,采用环氧树脂胶注缝,如裂纹贯穿,需预先用环氧胶泥将下部裂缝堵塞密封。

预防措施:(1)不得将不同厂家、不同型号的水泥混仓储存;(2)预拌混凝土生产不得在同一工程、相同部位混凝土中,使用多种水泥;(3)搅拌站工作人员应随时观察搅拌机电流变化以及出机坍落度情况,发现异常应立即调整用水量,防止不合格混凝土出厂。

【实例 2】石子粒度减小影响工作性

某工地四层楼板施工,混凝土设计强度等级 C25,碎石 5 ~ 31.5 mm、连续级配,砂率 0.35。实际施工中,碎石粒径范围实测为 5 ~ 20 mm,但仍维持原配合比不变,结果造成混凝土混合料的工作性不良,特别是流动度偏低,采用泵送施工时引起严重的连续弯管堵塞。

技术分析:低等级混凝土中主要由水泥和水所组成的浆料总量较少,水灰比则相对较大,因此流动变形性能较差。如坍落度低于 120 mm,即可能造成输送不畅(例如堵管等问题),反之坍落度高于 180 mm,则易于发生离析,因此最好将坍落度控制在 140 ~ 160 mm。本案例中实际采用粒度更小的碎石作为粗集料,总表面积增大,造成浆料数量不足,再加上碎石颗粒重量减小,结果导致混凝土混合料流动性不足,引起弯管堵塞问题。

解决方案:调整砂率至 0.42,同时每立方米混凝土的水泥用量提高15 kg,实践效果表明混合料的工作性良好,可泵性显著改善,工地连续泵送 400 余立方米混凝土均未发生弯管堵塞。

经济技术效果:技术方案中同时提高了混凝土混合料的砂率和水泥用量,流动性不足的问题得到了解决,但也明显增大了混凝土生产成本,以 P·S·32.5水泥均价 300 元/吨计,每立方米混凝土的成本提高约 4.5 元。如采用粉煤灰等活性矿物掺合材取代部分水泥,可与剩余水泥共同组成浆料,特别是采用超量取代法的情况下,混凝土混合料的强度和流动性都可以得到保证,相应的生产成本基本不变甚至略有降低。

【实例 3】水泥与外加剂相容性不良导致可泵性恶化

某搅拌站购入泵送剂配制 C50 混凝土,出站(初始)坍落度为 200 mm,运输时间 40 min,当混凝土抵达现场时,坍落度明显减小。二次流化后,开始泵送,工作仅 10 min 泵压急剧升高,无法正常施工,泵车立即返回搅拌站清洗,泵活塞几乎不能自由移动。立即拆泵清理,发现混凝土已接近终凝(自加水约 1.5 h),几乎造成泵车缸体报废。

技术分析:经查水泥厂生产时掺入硬石膏作为缓凝剂,而泵送剂又采用了木钙为缓凝剂。木钙强烈地吸附于硬石膏表面,屏蔽了石膏的缓凝作用,导致 C_3A 快速水化而速凝。

解决方案:立即清理泵的缸体、活塞、管路等部位;试配检验水泥与泵送剂之间以及水泥与泵送剂各功能组分之间的相容性。

预防措施:(1)预拌混凝土采用泵送剂时,应预先检测水泥与外加剂的相容性;(2)尽量不用木钙作缓凝剂;(3)预拌混凝土更换水泥时,应预先了解其石膏形态,尽量不采用掺硬石膏、磷石膏配制的水泥。

【实例4】缓凝剂用量不当，导致过度凝结

某工地办公楼梁柱施工，P·O 42.5 水泥配制 C40 混凝土，环境温度 15 ℃左右，粉煤灰取代率25%；泵送施工，缓凝组分采用木钙（约为水泥用量的0.4%），入泵坍落度 200～220 mm；混凝土浇注后 48 h 未初凝，部分拆除柱模板，混凝土立即坍塌，仅留下钢筋骨架竖立在楼板上。按用户要求拆除，造成经济损失数十万元。

技术分析：为满足入泵坍落度要求，泵送剂用量过多（一般为 0.25%），环境温度又比较低，导致过度缓凝。此外，木钙引气作用所带入的气泡也削弱了混凝土的强度。类似情况也曾出现于以多聚磷酸钠为缓凝剂的混合料。

解决方案：仔细清理钢筋表面，重新支模浇注混凝土；未拆模混凝土，可与施工方协商延缓拆模并禁止踩踏，延长养护时间，加强混凝土养护，后期强度一般不受明显影响。

预防措施：严格控制外加剂尤其是木钙和多聚磷酸钠的用量，否则可能导致严重缓凝，蔗糖等缓凝剂使用过程中也有类似问题。泵送剂中木钙掺量应严格控制，充分估计木钙的缓凝和引气效果，必要时应做试配。此外，泵送剂中普遍使用缓凝组分，因此泵送剂的使用也不宜超量，如现场等待时间过长，可直接掺入缓凝剂，严格控制剂量，防止过度缓凝的发生。

【实例5】外加剂复合引起相容性问题

某预拌混凝土厂，冬期施工采用胺类防冻剂，试验表明-10 ℃以内防冻效果较好，施工现场为改进早期强度、加快施工进度，在泵送前向罐车中加入硝酸钙，结果试件强度不管是现场条件还是标准养护下，均明显低于设计强度。

技术分析：胺类防冻液与硝酸钙发生化学反应，放出大量气体，加大了混凝土的含气量，混凝土的密实度下降、强度降低。

解决方案：不合格混凝土加固或凿除返工。

预防措施：任何可能影响混凝土结构与性能的技术手段都必须经过试验检验才能使用。

【实例6】施工现场随意加水导致混凝土离析、强度降低

某施工工地浇注梁板，正值炎热夏季，环境温度 30 ℃。当混凝土运至施工现场并浇注 6 m^3后，周围居民因新建筑挡光等原因阻止施工，此时已到达现场的四车 C40 混凝土，自等待 2 h 开始流化，每半小时流化一次，过 4 h 后流化已不能解决问题。于是打开储水箱加水,多次加水后水箱中 100 多千克水全部加完,至纠纷调解完毕,将运输车中的混凝土浇入梁中,一周后用回弹仪检测,大梁强度极低,28 天估测强度仅 20 MPa。

技术分析:混凝土在现场等待超时,如多次流化则强度不会显著降低,但仅靠流化解决不了问题时,加水增大流动性,则每加 1 kg 水,混凝土强度降低约 1%,同时此部分混凝土已接近初凝,综合效果使 C40 降为 C20 甚至更多。

解决方案:大梁完全拆除后重新施工,或在大梁底部粘钢加固。

预防措施:(1)调度随时与现场联系,混凝土在现场等待超过 2 h 则应及时调离以作他用;(2)混凝土在现场不得随意加水,流化剂的使用也应慎重。

【实例 7】泵送预备程序不当造成现浇混凝土构件失效

某工程现浇混凝土梁柱,C40 混凝土,泵送施工。拆模后发现最先浇注的三根钢筋混凝土柱体根部约 30 cm 为无强度“砂浆”,颜色偏黄,一碰即碎,即发生严重“烂根”。

技术分析:泵送混凝土前,用水及砂浆充分润管后,泵送初期得到的砂浆中水泥含量不足,强度低,如不按施工规程排到模板外,所浇注成的柱体强度极低,造成柱体烂根、断条。

解决方案:三根柱完全拆除,重新布筋、支模、浇注混凝土。

预防措施:润管后开始排出的稀砂浆必须排在模板外,见浓砂浆后再继续浇注。

【实例 8】振捣不利导致混凝土表面质量气泡缺陷

某工程底层梁板柱施工,采用 C30 混凝土,拆模后发现混凝土部位表面出现许多大小不一的气泡,影响外观效果;混凝土强度达到设计要求。

技术分析:(1)外加剂中引气成分过多;(2)混凝土振捣时间不够,或方法不当;(3)混凝土浇注时一次性投料太多,气泡上浮困难。

解决方案:对气泡大的部位进行修补。

预防措施:(1)重新调整外加剂配方,减少引气组分,适当加入消泡剂;(2)混凝土施工人员组织培训,混凝土振捣应“快插慢拔”,每个工作点振捣 15 ~ 30 s;(3)混凝土一次浇注高度不要超高 30 cm。

【实例 9】雨水冲刷、浸泡导致未硬化混凝土结构损伤

某工程雨季施工,浇注 5 层楼板时,天降大雨,未能及时对现场刚浇的混凝土进行覆盖,雨水冲刷造成混凝土表面流浆严重,出现起砂等现象,表面观感差;局部楼板雨后存在漏水现象。

技术分析:混凝土表层砂浆流失,减少楼板的有效厚度,同时混凝土的强度也受到影响,结构安全性存在明显隐患。

解决方案:(1)雨后在最短时间采用高强度等级水泥砂浆对受损楼板进行修补、收光;(2)对楼板混凝土进行仔细探伤,确认混凝土强度能否达到要求;(3)如强度不能达到设计等级,应及时提请设计适当的补强措施或拆除返工。

预防措施:现场人员应及时了解当地天气情况,雨季、沙尘、扬尘等特殊天气施工应避免施工或预备适当应急措施。

【实例10】大风天气施工宜采用水膜保湿养护

某工程在春季大风天气浇注楼板混凝土,次日发现楼板大面积裂纹。

技术分析:大风天气表面水分迅速蒸发,加大混凝土表面与内部的湿度梯度,如不采取有效措施则混凝土容易开裂。

解决方案:(1)如裂纹不贯穿,则在楼面采用防水砂浆抹灰;(2)如裂纹宽且贯穿,请检测单位鉴定,凡不合格混凝土按加固方案处理。

预防措施:(1)预拌混凝土生产厂应严格控制混凝土水灰比,在满足泵送前提下,应尽量降低水灰比和砂率;(2)大风天气浇注混凝土,施工单位应在混凝土浇注后尽早在混凝土楼板上喷淋水,保持混凝土表面湿润;(3)有条件的工地可在浇注楼板后,及时用塑料布覆盖;(4)楼板混凝土浇注后,应用木抹子搓抹两遍以上,在混凝土终凝前消除早期裂纹;(5)混凝土楼板初凝后(手轻按不粘手)开始浇水,终凝后采用水膜(3 ~5 cm)养护 12 ~24 h。

【实例11】养护不充分导致基础抗渗混凝土出现裂缝

某工程基础混凝土 C30,混凝土施工后发现凡覆盖有塑料薄膜的部位都未出现裂缝,但有裸露钢筋部位塑料薄膜无法覆盖,相应混凝土出现了一些不规则的小裂缝,影响混凝土的抗渗性能。

技术分析:由于钢筋裸露而无法覆盖塑料薄膜的部位,施工方未能及时浇水养护并按需要补充水分,导致该部位混凝土失水严重、产生干缩裂缝。

解决方案:加强特殊部位的浇水养护,清除钢筋周边的混凝土碎渣与灰沙,以保证下次浇注混凝土的黏结。

预防措施:(1)推广基础混凝土尤其是有抗渗要求的混凝土进行“即时带水养护”,尤其是基础带有裸露钢筋、不能覆盖塑料薄膜的部位,一定要在混凝土初凝之后,经常进行浇水养护,以免混凝土失水产生干缩缝;(2)搅拌站应加强与施工单位的联系和沟通,将预拌混凝土的特点介绍给施工方,避免上述问题的发生。

附录　混凝土混合料涉及的常用技术标准(规范)

标准(规范)名称	代号、编号
混凝土原材料	
水泥的命名、定义和术语	GB/T 4131—2014
通用硅酸盐水泥	GB 175—2007
快硬硅酸盐水泥	GB 199—1990
中热硅酸盐水泥、低热硅酸盐水泥、低热矿渣硅酸盐水泥	GB 200—2003
铝酸盐水泥	GB 201—2000
抗硫酸盐硅酸盐水泥	GB 748—2005
道路硅酸盐水泥	GB 13693—2005
快硬硫铝酸盐水泥	GB 20472—2006
白色硅酸盐水泥	GB/T 2015—2005
砌筑水泥	GB/T 3183—2003
自应力硅酸盐水泥	JC/T 218—1995
水泥胶砂强度检验方法(ISO 法)	GB/T 17671—1999
天然石膏	GB/T 5843—2008
水泥胶砂流动度测定方法	GB/T 2419—2005
水泥抗硫酸盐侵蚀试验方法	GB/T 749—2008
建筑用卵石、碎石	GB/T 14685—2011
普通混凝土用砂、石质量及检验方法标准	JGJ 52—2006
轻集料混凝土技术规程	JGJ 51—2002
轻集料及其试验方法 第 1 部分轻集料	GB/T 17431.1—2010
轻集料及其试验方法 第 2 部分轻集料试验方法	GB/T 17431.2—2010
混凝土用水标准	JGJ 63—2006

续表

标准(规范)名称	代号、编号
混凝土外加剂定义、分类、命名与术语	GB/T 8075—2005
混凝土外加剂	GB 8076—2008
混凝土外加剂匀质性试验方法	GB/T 8077—2012
混凝土外加剂应用技术规范	GB 50119—2013
混凝土膨胀剂	GB 23439—2009
混凝土防冻剂	JC 475—2004
混凝土泵送剂	JC 473—2001
砂浆、混凝土防水剂	JC 474—2008
聚羧酸系高性能减水剂	JG/T 223—2007
混凝土外加剂中释放氨限量	GB 18588-2001
高强高性能混凝土用矿物外加剂	GB/T 18736—2002
用于水泥和混凝土中的粉煤灰	GB/T 1596—2005
粉煤灰在混凝土和砂浆中的应用技术规程	JGJ 28—86
用于水泥和混凝土中的粒化高炉矿渣粉	GB/T 18046—2008
混凝土和砂浆用天然沸石粉	JG/T 3048—1998
建筑材料放射性核素限量	GB 6566—2010
混凝土用钢纤维	YB/T 151—1999
耐碱玻璃纤维网布	JC/T 841—2007
水泥混凝土和砂浆用合成纤维	GB/T 21120—2007
混凝土用水标准	JGJ 63—2006
混凝土	
普通混凝土混合料性能试验方法标准	GB/T 50080—2011
普通混凝土力学性能试验方法	GB/T 50081—2002
水泥混凝土混合料含气量测定仪	JT/T 755—2009
混凝土混合料稠度试验	TB/T 2181—90
混凝土实验室用振动台	JG/T 245—2009

续表

标准(规范)名称	代号、编号
混凝土试模	JG 237—2008
混凝土结构设计规范	GB 50010—2010
混凝土强度检验评定标准	GB/T 50107—2010
普通混凝土长期性能和耐久性能试验方法	GB/T 50082—2009
蒸压加气混凝土试验方法	GB/T 11969—2008
混凝土及其制品耐磨性试验方法(滚珠轴承法)	GB/T 16925—1997
混凝土质量控制标准	GB 50164—2011
普通混凝土配合比设计规程	JGJ 55—2011
混凝土砌块(砖)砌体用灌孔混凝土	JC 861—2008
预拌混凝土	GB/T 14902—2012
混凝土结构耐久性设计规范	GB/T 50476—2008
混凝土中钢筋检测技术规程	JGJ/T 152—2008
早期推定混凝土强度试验方法标准	JGJ/T 15—2008
补偿收缩混凝土应用技术规范	JGJ/T 178—2009
混凝土结构工程施工质量验收规范	GB 50204—2015
地下工程防水技术规范	GB 50108—2008
高性能混凝土应用技术规程	CECS 207:2006
自密实混凝土应用技术规程	CECS 203:2006
纤维混凝土结构技术规程	CECS 38:2004
砂浆	
砌筑砂浆配合比设计规程	JGJ 98—2010
建筑砂浆基本性能试验方法	JGJ 70—2009
建筑用砂	GB/T 14684—2011
预拌砂浆	JG/T 230—2007
建筑保温砂浆	GB/T 20473—2006
墙体饰面砂浆	JC/T 1024—2007

续表

标准(规范)名称	代号、编号
聚合物水泥防水砂浆	JC/T 984—2011
石膏基自流平砂浆	JC/T 1023—2007
地面用水泥基自流平砂浆	JC/T 985-2005
混凝土小型空心砌块和混凝土砖砌筑砂浆	JC 860—2008
混凝土界面处理剂	JC/T 907—2002
陶瓷墙地砖胶黏剂	JC/T 547—2005
建筑室内用腻子	JG/T 3049—1998
建筑外墙用腻子	JG/T 157—2004
外墙外保温柔性耐水腻子	JG/T 229—2007
砌筑砂浆增塑剂	JG/T 164—2004
水泥基灌浆材料应用技术规范	GB/T 50448—2008
机械喷涂抹灰施工规程	JGJ/T 105—1996
干混砂浆散装移动筒仓	SB/T 10461—2008

参考文献

[1] GLANVILLE W H,COLLINS A R,MATTHEWS D D. The grading of aggregates and the workability of concrete[M]. 2 nd ed. London:Road Research Technical,1947.

[2] POPOVICS S. 新拌混凝土[M]. 陈志源,沈威,金容容,等,译. 北京:中国建筑工业出版社,1990.

[3] 姚燕,王玲,田培. 高性能混凝土[M]. 北京:化学工业出版社,2006.

[4] 洪雷. 混凝土性能及新型混凝土技术[M]. 大连:大连理工大学出版社,2005.

[5] 张巨松. 混凝土学[M]. 哈尔滨:哈尔滨工业大学出版社,2011.

[6] 黄大能. 新拌混凝土的结构和流变特征[M]. 北京:中国建筑工业出版社,1983.

[7] 徐定华,徐敏. 混凝土材料学概论[M]. 北京:中国标准出版社,1985.

[8] 徐定华,冯文元. 混凝土材料实用指南[M]. 北京:中国建材工业出版社,2005.

[9] 袁润章. 胶凝材料学[M]. 武汉:武汉理工大学出版社,1996.

[10] 马保国. 新型泵送混凝土技术及施工[M]. 北京:化学工业出版社,2006.

[11] 申爱琴. 水泥与水泥混凝土[M]. 北京:人民交通出版社,2000.

[12] 葛新亚. 混凝土材料技术[M]. 北京:化学工业出版社,2006.

[13] 李继业,刘福胜. 新型混凝土实用技术手册[M]. 北京:化学工业出版社,2005.

[14] 张承志. 商品混凝土[M]. 北京:化学工业出版社,2006.

[15] 李继业,刘福胜. 新型混凝土实用技术手册[M]. 北京:化学工业出版社,2005.